Die Ampullenfabrikation

In ihren Grundzügen dargestellt

von

Dr. Hans Freund

Apotheker und Nahrungsmittelchemiker
früher wissenschaftlicher Hilfsarbeiter bei der Königl.
Zentralstelle für öffentliche Gesundheitspflege zu Dresden

Mit 68 Textfiguren

Berlin
Verlag von Julius Springer
1916

ISBN-13: 978-3-642-89700-9 e-ISBN-13: 978-3-642-91557-4
DOI: 10.1007/978-3-642-91557-4

Vorwort.

Durch die Einflüsse des Weltkrieges wurde eine ganze Reihe von Industriezweigen schwer geschädigt, wenn nicht ganz lahm gelegt. Andererseits muß zugegeben werden, daß durch ihn auch mehrere Industriezweige gefördert wurden oder neu erstanden sind. Zu besonderer Blüte entwickelten sich diejenigen Betriebe, deren Erzeugnisse von unserem Heer und unserer Flotte benötigt werden. Als derartige Erzeugnisse der pharmazeutischen Großindustrie kommen in erster Linie die Tabletten und Ampullen in Betracht.

Die Fabrikation dieser beiden Arzneiformen hat seit Beginn des Krieges in steigendem Maße auch in den Apotheken Aufnahme gefunden, was um so mehr zu begrüßen ist, als durch das wachsende Spezialitätenunwesen die Benützung der Apothekenlaboratorien zu Fabrikationszwecken immer mehr eine Seltenheit geworden ist.

Die freundliche Aufnahme, welche die Ampullenpackungen während der Kriegsmonate wegen ihrer zweckentsprechenden Eigenschaften seitens der Ärzteschaft fanden, hat dazu beigetragen, diese Arzneiform auch der zivilen Bevölkerung in gesteigertem Grade zugängig zu machen.

Sicherlich würden sich schon jetzt viel mehr Apotheken mit der Herstellung und Abfüllung von Ampullenflüssigkeiten befassen, wenn ihnen hierzu eine spezielle und ausführliche Anleitung zur Verfügung gestanden hätte. Dem Mangel an einem derartigen Buche verdankt das vorliegende seine Entstehung.

Man kann über das, was in das Gebiet der Ampullenfabrikation hineingehört, verschiedener Meinung sein. Die Ampullenfabrikation ist ein Zweig der pharmazeutischen Technik, bei dem wir es mehrfach im wahren Sinne des Wortes mit einem Grenzgebiet zwischen dieser und jener Disziplin zu tun haben. Bald handelt es sich um Arbeiten, die rein pharmazeutischer Natur sind, bald um solche, die mehr der Bakteriologe als seine Domäne betrachtet.

Es wurde versucht, das ganze Arbeitsgebiet in knapper, aber übersichtlicher Form so darzustellen, daß es sowohl für den allgemeinen Praktiker, als auch zur Einführung für diejenigen geeignet ist, die sich diesem einträglichen und sicher zukunftsreichen Fabrikationszweig speziell zuwenden wollen.

Leipzig, im Juli 1916

Hans Freund.

Inhaltsverzeichnis.

Einleitung.

Mit dem Namen Ampullae bezeichnete man im alten Rom zur „Offizin" gehörige, kurzhalsige Fläschchen in Nönnchenform. Wir verstehen heute darunter kleine zugeschmolzene, lang- und dünnhalsige Gefäßchen aus möglichst widerstandsfähigem Glas und von mannigfacher Form, welche sterile Flüssigkeiten von bestimmter Konzentration und in der einer Einzelgabe entsprechenden Menge enthalten. Sie werden auch Fiolen, oder deutsch „Einschmelzgläser" genannt.

Die ersten Ampullen wurden vom Apotheker Limousin[1]) in Paris unter dem Namen Ampoules hypodermiques in den Verkehr gebracht. Limousin kam auf diese Art der Arzneimitteldarreichung, weil jede noch so sauber hergestellte und sorgfältig sterilisierte Lösung schon nach dem erstmaligen Öffnen des Gefäßes nicht mehr keimfrei war.

Es hat jedoch verhältnismäßig lange gedauert, bis die Ampullen als Arzneiform eine nennenswerte Verbreitung fanden. In Frankreich und in den südlichen Kulturländern, besonders aber in Italien sind sie sowohl im bürgerlichen Leben, als auch bei der Armee und Marine rasch beliebt geworden. Bei Infektionskrankheiten wurden sie von den dortigen Ärzten fast ausschließlich verordnet.

In Deutschland hört man erst im Jahre 1908 von ihnen reden. Trotzdem sind sie in unseren pharmazeutischen Fabriken sicher schon früher hergestellt worden. Kroeber[2]), Beysen[3]) und Steinbrück[4]) ist es zu danken, daß die bei der Herstellung von Ampullen in Betracht kommenden Arbeitsweisen einem weiteren

---

1) Bull. gén. de thérap. 1886, 316.
2) Apoth.-Ztg. 1908, Nr. 51.
3) Pharm.-Ztg. 1908, Nr. 87.
4) Pharm.-Ztg. 1908, Nr. 92.

Kreis von Fachgenossen zugängig gemacht wurden. Inzwischen hat sich in mancher Apotheke die Ampullenfabrikation als lohnender Zweig der Laboratoriumstätigkeit entwickelt, was um so mehr zu begrüßen ist, als durch das Spezialitätenunwesen in den letzten Jahren Verhältnisse geschaffen wurden, die das Apothekenlaboratorium immer mehr verwaisen ließen.

Da das Anfertigen von Injektions- und Reagenzflüssigkeiten, sowie von Lösungen für Einatmungs- und Narkosezwecke eine reine pharmazeutische Tätigkeit darstellt, ist es eine Ehrenpflicht des Apothekerstandes, darauf hinzuwirken, daß auch das Abfüllen in Ampullen künftig nur im Apothekenlaboratorium vorgenommen wird. Da außerdem die Ärzteschaft, wie der Weltkrieg 1914/16 gezeigt hat, im zunehmenden Grade die Ampullen als eine äußerst bequeme und dem Zweck entsprechende Einrichtung erkennt, muß die Ampullenfabrikation als ein würdiger Ersatz für den Verlust, den uns der Spezialitätengroßhandel zugefügt hat, aufgefaßt werden.

Wahl der leeren Ampullen.

Die Ampullen sind in den verschiedensten Formen und Größen im Gebrauch.

Über die Mannigfaltigkeit der im Handel befindlichen **Ampullenformen** sollen die nachstehenden Abbildungen einen kleinen Überblick geben. Wollte man hier alle nur möglichen Formen zur Anschauung bringen, so würden mehrere Seiten dafür nötig sein. Es mögen daher nur die gebräuchlichsten und einige charakteristische Arten erwähnt werden. (Fig. 1—15.)

Wir sehen Ampullen, deren Leib zylindrisch, sphärisch oder flaschenartig gestaltet ist, solche mit flachem oder runden Boden, ferner solche, die ausgesprochen kugelig, herzförmig, achteckig, mit Trichter, flachviereckig usw. geformt sind. Das Gleichartige bei allen hier bildlich dargestellten und sonst in den Handel kommenden Ampullen ist ihr zur Kapillare ausgezogener Hals, der sich besonders bei der Entnahme des Inhalts bewährt, weil der nach dem Öffnen geschaffene enge Zugang ein Eindringen von Keimen in die Flüssigkeit so gut wie ausschließt.

Manche Ampullen haben zwei Kapillaren (Fig. 4, 13 u. 14). Diese werden mit Vorliebe in Frankreich und Spanien verwendet.

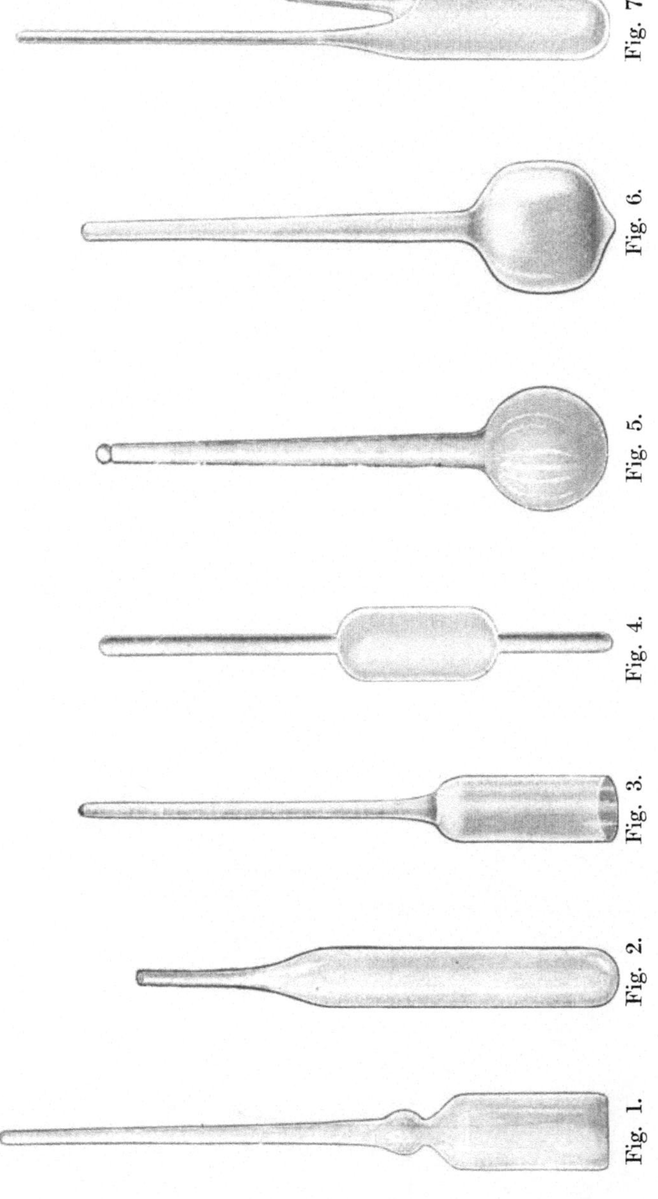

Fig. 7.

Fig. 6.

Fig. 5.

Fig. 4.

Fig. 3.

Fig. 2.

Fig. 1.

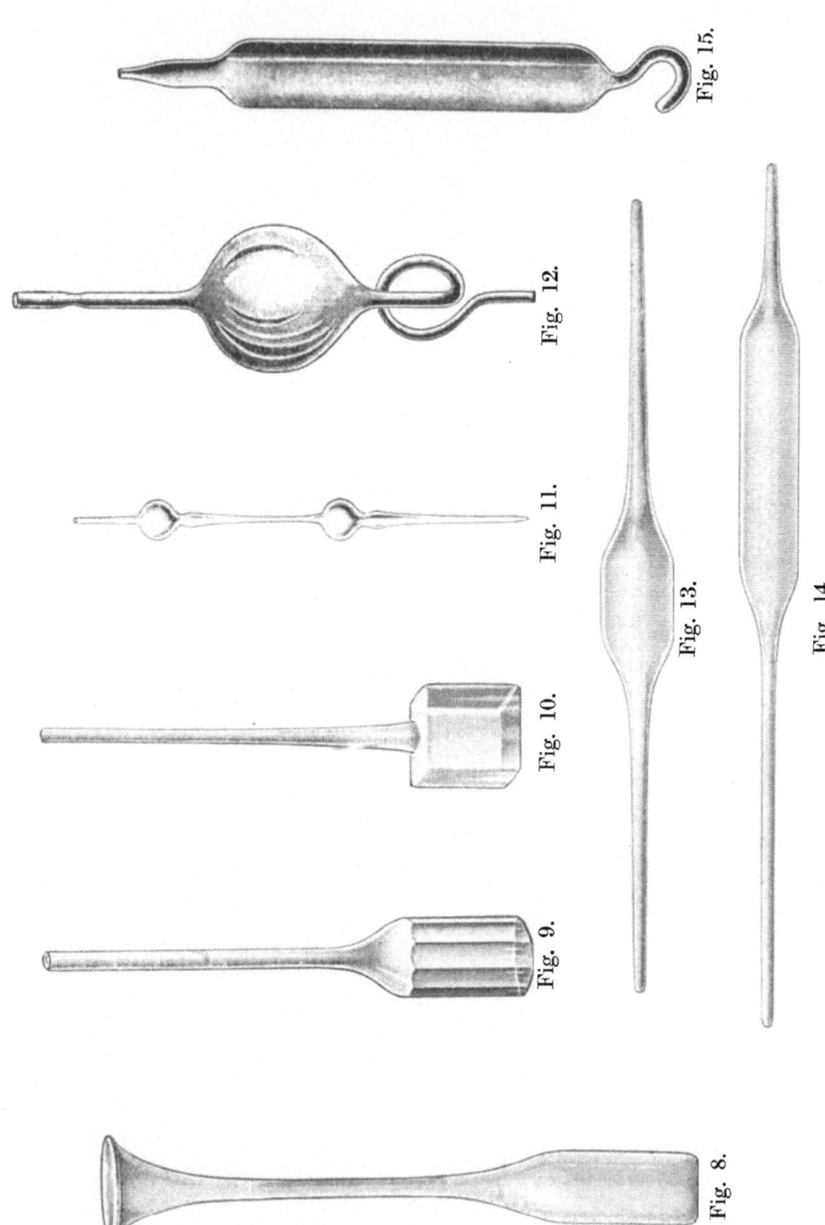
Fig. 15.
Fig. 12.
Fig. 11.
Fig. 13.
Fig. 14.
Fig. 10.
Fig. 9.
Fig. 8.

Sie sind billiger als die anderen Formen und besitzen noch den besonderen Vorteil, daß man den Inhalt aus der Ampulle bis auf den letzten Rest mit der Injektionsnadel zuentnehmen vermag. Im allgemeinen sind sie aber trotzdem nicht so praktisch, wie diejenigen, welche man wie eine Flasche aufstellen kann.

Hierzulande gelten die Ampullen mit flachem Boden, insbesondere die in Fig. 1 wiedergegebene, mit einer kugeligen Anschwellung versehene Art als die beliebtesten. Bei ihnen ist ein Eindringen der Flüssigkeit in die Kapillare trotz der Transporterschütterungen schwerer möglich. Auch bei der Sterilisation ist das kleine Luftvolumen der Kugel nicht unwesentlich. Ferner lassen sich diese Kugelfiolen leicht einritzen und abbrechen.

Fig. 16.
„Schwan"-Normal-Tropfampulle nach Wulff und Hillen.

Fig. 11 veranschaulicht Ampullen nach Fr. Guth, wie sie von der Apparatebauanstalt Franz Hugershoff in Leipzig bezogen werden können. Nach dem Füllen werden sie an der dünnsten Stelle zwischen den beiden kugeligen Anschwellungen durchschnitten, so daß auf diese Weise bequem zwei Ampullen erhalten werden können.

Die in Fig. 12 und 15 wiedergegebenen Formen sind zur Aufnahme von physiologischer Kochsalzlösung, Narkoseäther, Chloroform u. ä. bestimmt und fassen 20—50 ccm Flüssigkeit. Mit der gewundenen Kapillare können diese Ampullen zum Zwecke der Injektion in geeigneter Höhe aufgehängt werden. Die andere Kapillare braucht dann nur noch mit einem Gummischlauch, der vorn eine Pravaznadel trägt, verbunden zu werden.

Im allgemeinen gibt es keine Grundsätze, nach welchen bei der Wahl der Ampullenformen in der Praxis verfahren wird. Daß für ölige Lösungen, sowie für Aufschwemmungen Ampullen mit weiten Kapillaren zu bevorzugen sind, braucht nicht besonders erwähnt zu werden. Beiderseits zugespitzte Ampullen können dafür nicht Verwendung finden, weil sich der Arzneistoff dann in eine der Kapillaren setzt, aus der er selbst nach längerem, kräftigen Schütteln nicht wieder entfernt werden kann.

Eine außergewöhnliche Form ist die Normaltropfenampulle Modell „Schwan“ nach Wulff und Hillen, die von der Glasinstrumentenfabrik Fridolin Greiner in Neuhaus am Rennweg bezogen werden kann. Sie hat, wie Fig. 16 zeigt, einen eiförmigen Leib mit Boden, der nach der einen Seite in eine gestreckte, auf der entgegengesetzten Seite aber in ein dickwandiges und englumiges, schwanenhalsartig gebogenes Röhrchen ausläuft. Dieses hat einen äußeren Durchmesser von drei Millimeter, so daß gemäß den Bestimmungen der deutschen Arzneibuchkommission 20 aus dem Röhrchen austretende Tropfen bei einer Temperatur von 15^0 C = 1 g wiegen.

In der Augen- und Ohrenheilkunde wird von dieser Ampullenform gern Gebrauch gemacht. Stich und Wulff[1]) empfehlen ihre Verwendung auch als Aufbewahrungs- und Sterilisationsgefäß wenig haltbarer Arzneimittel, z. B. von Extractum secale cornutum, die gelegentlich in geringer Menge innerlich verabreicht und häufig auch schnell benötigt werden, ferner, um in den Apotheken leicht zersetzliche Arzneimittel, wie Atropin u. a. in konzentrierter Lösung sterilisiert vorrätig zu halten, aus denen dann im Bedarfsfalle durch entsprechendes Verdünnen mit sterilem Wasser sterile Lösungen von bestimmter Stärke hergestellt werden können.

Erwähnt sei auch, daß in Frankreich vom Laboratoire Freyssinge in Paris 6, rue Abel, unter der Bezeichnung Ampoules du Docteur directement injectables Ampullen in den Handel gebracht werden, die so geartet sind, daß man unmittelbar aus ihnen injizieren kann. Zu diesem Zweck werden nacheinander die am Ampullenleib sitzenden kurzen Spitzen abgebrochen und statt ihrer ein Gummiball, bzw. eine Pravaznadel angefügt. Der luftdichte Sitz der Nadel wird dadurch erreicht, daß die betreffende Ampullenspitze starkwandig und äußerlich geschliffen ist.

---

[1]) Bakteriologie und Sterilisationstechnik im Apothekenbetriebe. Verlag Julius Springer, Berlin 1912, S. 231.

Es gibt auch sogenannte Ampullen mit Sterilisationsanzeiger[1]). Diese enthalten in einem olivenförmigen Ansatz eine rosa gefärbte Mischung von Acetanilid mit 1% Eosin. Da diese Mischung beim Schmelzen des Acetanilids (bei 114° C) sich intensiv rot färbt und diese Farbe auch nach dem Erkalten bleibt, läßt sich feststellen, ob die Ampullen beim Sterilisieren die erforderliche Temperatur erreicht haben.

Was die Größenverhältnisse der Ampullen anlangt, so entsprechen diese der Kubikzentimeterzahl Flüssigkeit, welche sie aufnehmen sollen. Die handelsüblichen Größen sind Ampullen von 1, 2, 5, 10, 20 und 50 ccm Inhalt.

Lichtempfindliche Flüssigkeiten, wie das zu Einatmungen bei Lungenleiden verwendete Jodäthyl, dann Atropin-, Morphinchlorhydrat- u. a. Lösungen werden in Ampullen aus braunem, grünen oder blauen Glas gefüllt, welche natürlich etwas teurer sind, als Ampullen aus weißem Glas.

Die wichtigste Rolle bei der Wahl der Ampullen spielt die **Beschaffenheit des Glases.** Solche aus gewöhnlichem, kalihaltigen Glas sind zwar sehr wohlfeil, für die meisten Ampullenflüssigkeiten aber ungeeignet, da letztere aus dem Glas Alkali lösen und so eine Zersetzung erfahren. Das ist regelmäßig der Fall bei Salzlösungen, wie Quecksilberchlorid, Strychninsulfat, Morphinchlorhydrat u. a. Schon der Laie muß einsehen, daß mit diesen zersetzten und chemisch völlig veränderten Lösungen empfindliche Schädigungen hervorgerufen werden können, sobald man sie in die Blutbahn einverleibt.

Es dürfen daher nur solche Ampullen zur Füllung benutzt werden, die aus äußerst widerstandsfähigem, alkalifreien Glas hergestellt sind. Diesen Ansprüchen genügt im allgemeinen das Jenaer Neutral- oder Normalglas 16/III, welches jetzt zur Ampullenherstellung von allen bedeutenderen Glasinstrumentenfabriken als Ausgangsmaterial Verwendung findet. Für ganz besonders empfindliche Lösungen, wie diejenigen von Morphin, Adrenalin, Atropin, Kokain u. a., ist auch das Normalglas noch nicht widerstandsfähig genug, wenigstens nicht bei längerer Aufbewahrung. In solchen Fällen empfiehlt es sich, Ampullen aus dem ebenfalls von der weltbekannten Glasfabrik Schott & Genossen in Jena hergestellten Alpha- oder Fiolax-Glas zu wählen. Dieses hat

---

[1]) Bull. gén. de Thérap; nach Chemiker-Ztg. 1913.

noch eine wesentlich höhere Widerstandsfähigkeit als das Normalglas 16/III, wie durch vergleichende Versuche der Physikalisch-Technischen Reichsanstalt in Charlottenburg festgestellt wurde. Es absorbierten frische Bruchflächen aus ätherischer Eosinlösung innerhalb 1 Minute auf 1 qcm Fläche bezogen, bei Jenaer Alphaglas nur 2,7 mg Jodeosin, bei Jenaer Normalglas 13 mg Jodeosin Noch augenscheinlicher wird die Überlegenheit des Fiolaxglases bei der Phenolphthaleinprobe. Hier erzeugte Normalglas schon nach zweistündiger Kochdauer eine Rotfärbung, während das Jenaer Alphaglas selbst nach 48 stündigem Kochen noch keine Alkalireaktion gab. Auch die Untersuchungen von Dr. Stich beweisen die Überlegenheit des Fiolaxglases gegenüber dem Neutralglas: eine 1%ige Morphinlösung in n/500 Salzsäure ließ in Ampullen aus Jenaer Normalglas nach 6 Wochen vereinzelte Kristalle, in solchen aus Alphaglas jedoch nach 22 Wochen keine Kristalle auftreten.

Um sich selbst von der Qualität des Ampullenglases zu überzeugen, füllt man nach Baroni[1]) je eine Ampulle mit einer Lösung von 1—2% Morphinchlorhydrat, 0,5% Strychninnitrat oder 1% Sublimat und setzt sie zugeschmolzen eine halbe Stunde lang der Sterilisation im strömenden Wasserdampf aus. Grübler[2]) gibt in noch eine weitere Ampulle eine ½%ige Phenolphthaleinlösung. Bei neutraler Beschaffenheit des Glases bleiben alle Lösungen unverändert. Ist das Glas aber alkalihaltig, so treten charakteristische Veränderungen ein. Die Morphinlösung wird unter Abscheidung von Oxydimorphin und freiem Morphin braunfarben, aus der Sublimatlösung scheidet sich gelbes bis rotbraunes Quecksilberoxyd ab, aus der Strychninlösung Kristalle der freien Base und die Phenolphthaleinlösung färbt sich mehr oder weniger rot. Kroeber[3]) stellte fest, daß von den benutzten Reagenzien auf freies Alkali das Strychninsalz am empfindlichsten reagiert und der Grad der Empfindlichkeit in der Reihenfolge: Phenolphthalein, Sublimat, Morphin abnimmt.

Hieraus erhellt, ein wie bedeutender Dienst der Ampullenfabrikation durch die Erfindung des Jenaer Fiolaxglases geleistet worden ist. Selbstverständlich sind Ampullen aus diesem Glas nicht

---

[1]) Giorn. Form. Chim. 1904, 33.
[2]) Pharm. Post, 1907, Nr. 33.
[3]) Apoth.-Ztg. 1908, S. 459.

billig. Vergegenwärtigt man sich aber die Vorteile, welche mit der Verwendung solcher Ampullen verbunden sind, so muß es als eine falsche Sparsamkeit bezeichnet werden, wenn bei der Wahl der Ampullen billigere Erzeugnisse den Vorzug erhalten.

Als Bezugsquellen aller Arten von Ampullen seien u. a. genannt: Fridolin Greiner in Neuhaus am Rennweg; Dr. Hodes & Göbel in Ilmenau; Franz Hugershoff in Leipzig; Erich Koellner in Jena; Dr. Hermann Rohrbeck in Berlin N 4.

Vorbehandlung der leeren Ampullen.

Diesem Abschnitt müssen einige Bemerkungen über den **Arbeitsraum** vorangeschickt werden.

Hell und luftig muß er sein, ferner geschützt vor Staub und Dämpfen aller Art. Der Fußboden sei mit Basalt oder Linoleum ausgekleidet. Die Wände werden am besten mit abwaschbarer Ölfarbe gestrichen oder mit Porzellanplatten getäfelt. Scheut man sich vor dem Kostenaufwand, so ist auch das Tünchen mit einer lichten Kalkfarbe ausreichend. Die Arbeitstische belege man mit Glas- oder Linoleumplatten, wenn man es sich leisten kann, mit Marmorplatten, oder man lasse sie mit Zinkblech beschlagen, da sie sich dann leichter und gründlicher reinigen lassen. Zum Reinigen benutze man eine etwa 2%-ige Formaldehydlösung, der etwas Seifenpulver zugesetzt wurde. Die Säuberung der Arbeitstische, wie auch des Fußbodens hat vor und nach der Arbeit zu geschehen. Auch vergesse man nicht, für Waschgelegenheit im Arbeitsraum zu sorgen. Zum Säubern der Hände eignet sich eine Formaldehydseifenlösung von etwa folgender Zusammensetzung:

Kalilauge	26 g
Formaldehydlösung	44 g
Destillierte Ölsäure	20 g
Spiritus (90%)	10 g
Lavendelöl	0,1 g

Kollo[1]) verwendet eine flüssige, alkalische Glyzerinseife, welche aus folgenden Bestandteilen besteht:

[1]) Pharm. Zentralh. 1913, Nr. 44, S. 1123.

Kaliseife	50 g
Glycerin	20 g
Formaldehydlösung	10 g
Terpineol	2 g
Spiritus	ad 100 g

Oberflächliche Reinigung der leeren Ampullen. In der Regel kommen die Ampullen zugeschmolzen und in recht sauberem Zustande in den Handel. Die Glasinstrumentenfabrik von Frid.

Fig. 17.

Greiner in Neuhaus am Rennweg ist in dieser Beziehung besonders peinlich. Sie läßt die Jenaer Normalglasröhren, aus denen die Ampullen gefertigt werden, vor der Verarbeitung innen und außen sorgfältig säubern und gleich bei der Fertigstellung die

Fig. 18.

Ampullen zuschmelzen, wodurch die Gewahr geboten ist, ein sauberes Fabrikat zu erhalten.

Diese Verhältnisse haben schon manchem Veranlassung gegeben, die Gläschen vor der Füllung nicht erst noch einmal zu

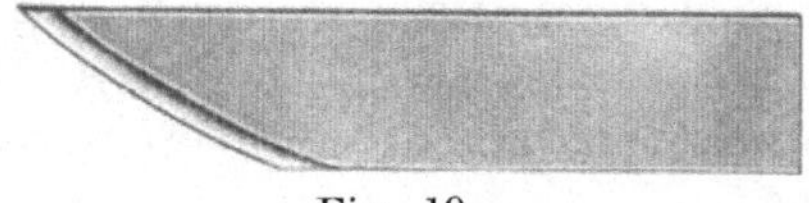

Fig. 19.

reinigen und dann staubsicher aufzubewahren. Nach den Vorschriften der Bakteriologie aber sind diese Maßnahmen unerläßlich. Man verfährt dabei wie folgt:

Die noch geschlossenen Ampullen werden von den daran haftenden Wattefasern und ähnlichen, von der Verpackung herrührenden Anteilen durch Waschen in reinem Wasser zunächst oberflächlich gereinigt. Hierauf schüttet man die Ampullen auf die saubere Tischplatte und öffnet sie, falls sie nicht schon mit offenen Spitzen geliefert wurden.

Zum **Öffnen der Ampullen** bedient man sich dreikantiger Feilen, Stahlmesser oder Einritzsägen (siehe Fig. 17—19). Eine Spezialfabrik hierfür ist die Firma Kobe & Co. in Berlin N, Hessische Straße. Jedoch können sie ebenso gut und billig von Fridolin Greiner, Erich Koellner u. a. bezogen werden.

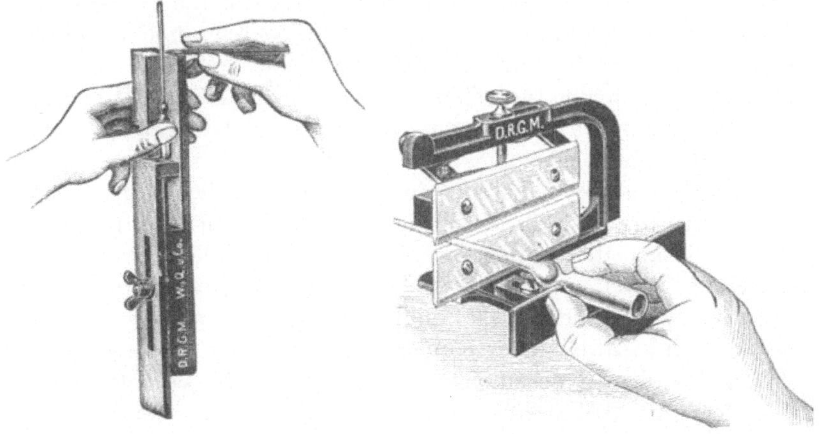

Fig. 20.
Ampullen-Abschneideapparat nach Dr. W. Boltze.

Fig. 21.
Massenabschneideapparat „Rapidax"

Fig. 22.
Einsteckbrett der Firma Fr. Greiner.

Dr. Boltze, Berlin SO 26, empfiehlt sogenannte Corburundumkeile. Nachdem man die Ampullenspitzen immer an der gleichen Stelle mit dem Einspritzgegenstand angeritzt hat, zieht man mit beiden Händen die Kapillare auseinander und erreicht so ein splitterfreies Abbrechen.

In Großbetrieben, wo auf gleichmäßigen Ausfall der Erzeugnisse besonderer Wert gelegt wird, benutzt man zum Anschneiden der Ampullenspitzen geeignete Apparate. Sehr leistungsfähig ist der auch von E. Richter[1]) empfohlene Ampullenabschneideapparat nach Dr. W. Boltze, welcher durch die Apparatebauanstalt Warmbrunn, Quilitz & Co., Berlin NW, bezogen werden kann. Seine Zusammensetzung und Handhabung ist aus Fig. 20 klar ersichtlich. Nachdem man die beiden Hölzer auf die erforderliche Entfernung eingestellt hat, zieht man die Flügelschraube an, nimmt den Apparat in die linke Hand, drückt die Ampullen mit dem Daumen fest in den Ausschnitt und ritzt mit einem Diamanten das Glas leicht an, die oberste Kante des feststehenden Holzes dabei zur Führung nehmend.

Hierher gehört auch der in Fig. 21 abgebildete Massenabschneideapparat „Rapidax“ der Firma Erich Koellner in Jena. Er arbeitet in der Weise, daß der Ampullenhals stets an derselben Stelle auf zwei sich gegenüberliegenden Seiten angeschnitten wird. Verluste durch Bruch sind hier so gut wie ausgeschlossen. Zwei übereinander angeordnete Stahlmesser, von denen das obere federnd befestigt ist, bilden die Schnittflächen. Die Messer sind zweischneidig und können, wenn die eine Schneide stumpf geworden ist, umgewechselt werden. Neuerdings benutzt man statt der Stahlmesser Diamantin-Kunststein-Prismen, welche niemals stumpf werden. Die Leistungsfähigkeit des „Rapidax“ ist ganz hervorragend. Ein einigermaßen eingerichteter Arbeiter vermag damit in einer Minute mehr als 20 Ampullenspitzen anzuschneiden.

Ein praktisches, ja unentbehrliches Hilfsmittel bei dieser und den folgenden Arbeiten der Ampullenfabrikation sind die sogenannten Einsteckbretter, welche ein Umfallen der Gläschen ausschließen. Fig. 22 vergegenwärtigt ein Einsteckbrett für 50 Ampullen, wie es von der Firma Frid. Greiner in Neuhaus bezogen werden kann.

Zur **Reinigung des Ampulleninnern** bringt man die geöffneten Ampullen in eine, mit destilliertem Wasser gefüllte, eiserne Emailschale. Um ein völliges Untertauchen in das Wasser zu erreichen, beschwert man die sonst in der Mehrzahl an der Oberfläche schwimmenden Ampullen mit einer Siebplatte und erhitzt zum Sieden. Hierauf wird die Gasflamme abgestellt, bzw. das Gefäß vom Feuer genommen und kaltes destilliertes Wasser aufgegossen. Dadurch

[1]) Schweiz. Apoth.-Ztg. 1915, Nr. 46.

füllen sich die Ampullen mit Wasser. Nicht intakte Ampullen platzen und müssen ausgeschaltet werden. Erhitzt man dann aufs neue bis zum Sieden, so entleeren sich die Gläschen wieder In diesem Augenblick schüttet man die Ampullen auf ein Sieb und entfernt einen etwa zurückgebliebenen Wasserrest durch Ausschleudern der betreffenden Ampullen mit der Hand. Dieses Reinigungsverfahren wiederholt man, wenn nötig, noch ein- bis zweimal.

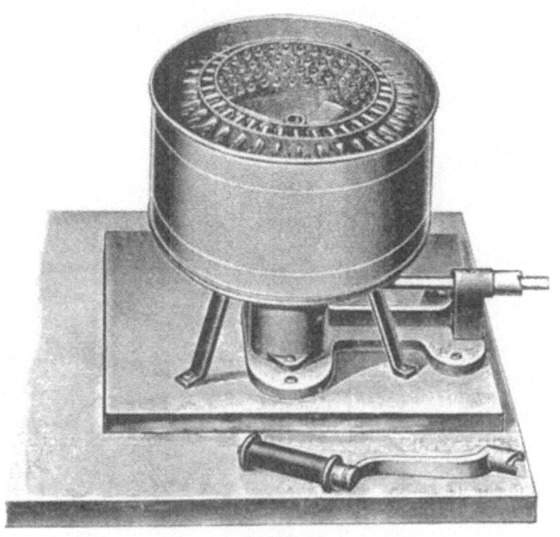

Fig. 23.
Zentrifugentrommel zum Ausschleudern der Ampullen nach Dr. W. Boltze.

Um beim Ausschleudern der Ampullen an Zeit zu sparen, kann man sich der von Dr. W. Boltze[1]), Berlin SO 26 erfundenen Zentrifuge bedienen. Wenige Umdrehungen genügen, um die letzten Reste der Spülflüssigkeit, sowie Schmutzpartikelchen, welche infolge der Adhäsion des Glases und der engen Kapillare beim Ausschleudern mit der Hand oft recht schwer zu entfernen sind, herauszuschleudern. Die in Fig. 23 abgebildete Zentrifugentrommel enthält ungefähr 140 Lagerungen, welche Ampullen mit 0,5—10 ccm Fassungsvermögen aufnehmen können.

Zur Vermeidung der Einwirkung einer vorher festgestellten Alkalinität des Glases auf die Ampullenflüssigkeit (vgl. S. 8) nimmt

---

[1]) Pharm.-Ztg. 1914, Nr. 50, S. 501.

man das Ausspülen mit $2^0/_0$iger Salzsäure vor und erwärmt eine Stunde lang auf dem Wasser- oder Dampfbad. Hierauf sind die Ampullen so oft mit destilliertem Wasser in der eben geschil-

Fig. 24.
Jenaer-Universalapparat der Firma Erich Koellner.

derten Weise zu spülen, bis keine saure Reaktion mehr nachgewiesen werden kann.

Auch für die Reinigung des Ampulleninnern hat die Technik sinnreiche Apparate erfunden. Es ist da zunächst der Jenaer Universal-Apparat der Glastechnischen Anstalt von Erich

Koellner in Jena zu nennen. Wie Fig. 24 zeigt, besteht er aus einem hermetisch verschließbaren Metallkessel mit Ausflußrohr, über dem ein Sicherheitsventil und ein Wasserstandsrohr angeordnet sind. Der Deckel enthält ein Thermometer und in der Mitte ein trichterförmiges Füllrohr mit Filterkerze. An der Seite des Kessels befindet sich ein Dreiwegehahn, im Innern ein herausnehmbarer, mit etwa 300 Löchern versehener Metallkorb, der zur Aufnahme der Ampullen dient, sowie eine herausnehmbare Glasschale.

Bei der Benutzung dieses Apparates werden die Ampullen mit nach unten gerichteter Spitze in den Metallkorb und hierauf dieser auf die mit destilliertem Wasser gefüllte Glasschale gebracht, so daß die Ampullenspitzen in das destillierte Wasser eintauchen. Durch eine an den Dreiwegehahn angeschaltete Wasserstrahlluftpumpe wird der geschlossene Apparat bis auf 40^0 evakuiert und sodann das Einströmen der Luft durch eine Drehung des Dreiwegehahns veranlaßt. Dabei füllen sich die Ampullen bis zu etwa ein Drittel ihres Fassungsvermögens mit destilliertem Wasser. Der Metallkorb wird jetzt herausgenommen, umgekehrt und kräftig geschüttelt, damit das Ampulleninnere gründlich gewaschen wird. Alsdann nimmt man die Glasschale aus dem Apparat, setzt den Korb mit den Ampullen wieder hinein und evakuiert aufs neue bis auf etwa 50^0, wodurch die Ampullen vollkommen entleert werden. Erkennt man, daß die Reinigung der Ampullen noch nicht vollständig ist, so wiederholt man das Verfahren.

Es sei noch ausdrücklich darauf hingewiesen, daß sich mehr oder weniger auch alle anderen, in dem Kapitel über „das Füllen der Ampullen“ aufgeführten Apparate zum Reinigen des Ampulleninnern eignen. Man verfährt dabei stets so, als wenn die Füllung mit der eigentlichen Ampullenflüssigkeit geschehen sollte.

Diejenigen Ampullenfüllungsapparate, welche nicht, wie der eben beschriebene, auf dem Prinzip der Evakuation beruhen, eignen sich deshalb weniger zum Reinigen des Ampulleninnern, weil sie nicht gleichzeitig die letzten Wasserreste aus den Ampullen herausschaffen. Immer ist bei ihnen ein besonderes Ausschleudern erforderlich.

Sterilisieren und Trocknen der leeren Ampullen. Bevor die Ampullen gefüllt werden können, müssen sie noch sterilisiert, zum mindesten aber getrocknet werden.

Ampullen, die mit Flüssigkeiten gefüllt werden sollen, welche eine nachträgliche Sterilisation mit überhitztem Dampf vertragen, brauchen vor der Füllung nicht unbedingt sterilisiert zu werden. Unerläßlich dagegen ist das Sterilisieren solcher Ampullen, deren Füllungsflüssigkeit keine nachträgliche Sterilisation über 100° C verträgt, d. h., die man nur tyndallisieren kann (vgl. S. 62).

Sind die Ampullen bereits mit heißem Wasser gefüllt worden, so erübrigt sich eine besondere Sterilisation. Jedoch, da sie feucht sind, müssen sie getrocknet werden. Dabei bedient man sich

Fig. 25.
Heißlufttrockenschrank der Firma E. A. Lentz, Berlin.

zweckmäßig eines Drahtkorbes oder einer nicht gelöteten Blechbüchse mit geöffnetem Deckel, welche man mit den feuchten, vorher ausgeschleuderten Ampullen anfüllt und zwei Stunden bei 150—160° C im Heißlufttrockenschrank beläßt.

Dieser ist ähnlich den in den Laboratorien üblichen Trockenschränken doppelwandig aus Stahlblech, Aluminium oder Kupfer gebaut. Im Gebrauch haben sich diejenigen aus Kupfer am besten bewährt. Zum Zweck der Isolation sind seine äußeren Wände gern mit Asbest ausgekleidet. In die eine der oben in der Decke des Schrankes befindlichen Öffnungen wird ein Thermometer eingesenkt, so zwar, daß sein Quecksilberkörper in gleicher Höhe mit dem die Ampullen enthaltenden Gefäß zu stehen kommt, denn die Temperaturen differieren in den verschieden hohen Schichten innerhalb des Schrankes oft ganz erheblich. In die andere Öffnung kann ein Thermoregulator (vgl. S. 67) eingefügt werden, welcher bei der Ausübung der später zu besprechenden Tyndallisation hervorragende Dienste leistet. Die Beheizung eines Heißlufttrockenschrankes, wie ihn die Fig. 25 zeigt, geschieht meistens durch einen Gasbrenner. Eine günstige Bezugsquelle für derartige Apparate ist u. a. die Apparatebauanstalt E. A. Lentz, Berlin N 24.

Haben die feuchten Ampullen zwei Stunden in einer Temperatur von 150—160° C zugebracht, so kann man sicher sein, daß sie völlig trocken und steril sind. Man tut gut, sie im unmittelbaren Anschluß an diese Behandlung zu füllen; andernfalls sind sie in sorgfältig verschlossenen Gefäßen aufzubewahren.

In manchen Betrieben wird lieber die Wasserdampfsterilisation angewendet. Sie ist nicht minder einwandfrei, wie die Heißluftsterilisation, schließt aber eine nachträgliche Trocknung der leeren Ampullen in der eben beschriebenen Weise nicht aus. An dieser Stelle sollen von den Wasserdampfsterilisierapparaten nur der bereits genannte Jenaer Universalapparat und eine von E. Deußen empfohlene Vorrichtung besprochen werden. Alle anderen Apparate dieser Art werden in dem Abschnitt über die Sterilisation gefüllter Ampullen (S. 61) Erwähnung finden, weil da die Anwendung der Wasserdampfsterilisation besonders beliebt ist.

Will man die leeren Ampullen mit dem Jenaer Universalapparat sterilisieren, so bringt man in denselben eine gewisse, durch das Wasserstandsrohr kontrollierbare Menge Wasser, setzt die entleerte Glasschale, sowie den Metallkorb hinein und erhitzt das Wasser im luftdicht verschlossenen Apparat zum Kochen, nachdem man vorher den Vakuumeterhahn verschlossen hat. Dadurch entsteht eine Dampfspannung, die durch das Sicherheitsventil bei 105° C gelöst wird. Nach Verlauf von etwa 10 Minuten ist die Sterilisation beendet. Man stellt die Heizquelle ab und trocknet Glasschale und Ampullen durch Absaugen des Wasserdampfes mit Hilfe der Wasserstrahlluftpumpe.

Der von E. Deussen[1]) empfohlene Apparat besteht im wesentlichen aus einem Glasaufsatz, der auf einer kugeligen Anschwellung fünf Kapillaren sitzen hat. Über diese stülpt man die zu sterilisierenden Ampullen und beschickt sie mit heißen Wasserdämpfen, 10—15 Minuten lang. Diese Art der Ampullensterilisation ist zweifellos ausreichend, kann aber nur für kleinste Betriebe in Frage kommen. Außerdem dürfte der Apparat wegen seiner leichten Zerbrechlichkeit sehr bald enttäuschen. Es wird sich daher empfehlen, ihn wenigstens aus Aluminiumblech oder ähnlichem herstellen zu lassen.

Darstellung von Ampullenflüssigkeiten.

Es leuchtet wohl ohne weiteres ein, daß Flüssigkeiten, die in die Blutbahn des menschlichen Körpers gelangen sollen, unbedingt keimfrei sein müssen. Infolgedessen hat man mit peinlichster Sorgfalt darauf zu achten, daß nicht nur alle mit den Ampullen in Berührung kommenden Geräte, sondern auch die Füllungsflüssigkeiten absolut steril sind. Letztere dürfen außerdem keinerlei feste oder ungelöste Bestandteile enthalten. Diese würden bei der Injektion gleichfalls erhebliche Störungen verursachen. Auch Stoffwechselprodukte von Bakterien und eiweißhaltige Substanzen würden unangenehme Folgeerscheinungen nach den Einspritzungen hervorrufen.

Was die **Beschaffenheit des Wassers als Lösungsmittel** für die zur Herstellung der Ampullenflüssigkeiten bestimmten Arzneistoffe betrifft, so hat die Erfahrung gelehrt, daß sich am besten solches destilliertes Wasser dazu eignet, welches kurz vorher noch einmal aus Glasgefäßen destilliert wurde.

Die Laboratoriumstechnik kennt für diesen Zweck eine ganze Reihe mehr oder weniger kostspielige Apparate. Der nach den Angaben von Kurzmann durch die A. Schmidtsche Glasbläserei in Breslau I in den Handel gebrachte Destillierapparat (Fig. 26) scheint mir besondere Beachtung zu verdienen, weil er gleichsam aus einem Guß besteht und dadurch allen Anforderungen der Bakteriologie gerecht wird.

Er besteht aus einem Erlenmeyerkolben, einer Ventilkappe V, Kühler K, Rundkolben R und einem Suberitring, auf dem der

[1]) Apoth.-Ztg. 1910, Nr. 95, S. 945.

Kolben ruht. Nachdem man den Kolben zur Hälfte mit destilliertem Wasser gefüllt hat, gibt man auch in den oberen Teil des Ventils bei V etwa 5 ccm destilliertes Wasser und erhitzt zunächst, ohne Kühlwasser in den Küler zu leiten, zum Sieden. Ist dann 5—10 Minuten lang heißer Dampf durch den Apparat hindurchgeströmt, so kann man sicher sein, daß alle Keime abgetötet und mechanisch angeschwemmt sind.

Man stellt jetzt das Kühlwasser an und bringt unter das Ablaufrohr den vorher sterilisierten Kolben, so daß der Rand desselben vollständig von der bakteriologischen Glocke des Ablaufrohres bedeckt wird. Ist schon genug Wasser aus dem Kolben E verdampft, so kann man durch Heben des Kühlers leicht neues heißes destilliertes Wasser durch die Ventilkappe zugießen.

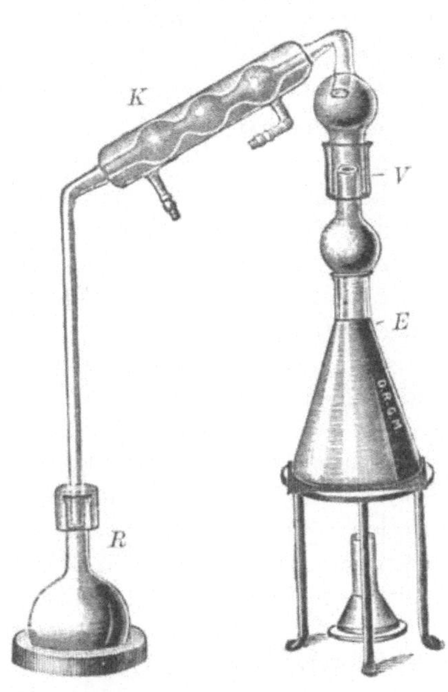

Fig. 26.
Destillierapparat nach Kurzmann.

Hat man genügend frisch destilliertes Wasser in dem vorgelegten Kolben gesammelt, so dreht man die Heizflamme ab, wischt den Hals des Kolbens trocken mit steriler Watte aus und setzt rasch einen sterilen Gummistopfen auf, der ein mit keimfreier Watte verstopftes Glasrohr trägt.

Ein anderer hygienisch einwandfreier Destillierapparat ist der nach Dr. Katz[1]). Er zeichnet sich noch dadurch besonders aus, daß er infolge seiner gedrungenen Bauart nur wenig Platz beansprucht.

Als Lösungsmittel können auch **Öle**, wie Olivenöl, Nußöl und Paraffinöl in Betracht kommen. Sie sind sämtlich **vor der Verwendung zu reinigen**, das Olivenöl und Nußöl in der

[1]) Bezugsquelle: Franz Hugershoff, Leipzig.

Weise, daß man sie im Verlauf von zwei bis drei Tagen öfters hintereinander jedesmal mit der gleichen Menge 95%igen Alkohols im Scheidetrichter schüttelt, nach der letzten Ausschüttelung den Rest des Alkohols auf dem Wasserbade verdampfen läßt und das gewaschene Öl sterilisiert (vgl. S. 61).

Das Paraffinöl wird genau so behandelt. Vorher läßt man aber zweckmäßig erst noch einen starken Wasserdampfstrom hindurchstreichen.

Jedoch nicht allein das Lösungsmittel, sondern auch die zur Herstellung der Ampullenflüssigkeit bestimmten Arzneistoffe müssen absolut keimfrei sein. Niemals lasse man sich von der irrigen Meinung leiten, daß die Arzneistoffe, weil sie den Anforderungen des Arzneibuches genügen, auch für Injektionszwecke einwandfrei zu gelten hätten. Das Arzneibuch fordert nur ihre chemische Reinheit. Um zu erkennen, daß sie auch zur Bereitung von Ampullenflüssigkeiten geeignet sind, ist es notwendig, unter Berücksichtigung aller für die Ampullenfabrikation geltenden Vorschriften zunächst einige Probefüllungen vorzunehmen und diese längere Zeit zu beobachten. Etwa dabei auftretende Veränderungen, wie Farbenwechsel oder Trübwerden der Lösung sind bei der Beurteilung über die Verwendbarkeit dieses oder jenen Arzneimittels zu berücksichtigen.

Um die zur Ampullenfabrikation nötigen Chemikalien stets in reinem Zustande und, soweit sie hygroskopisch sind, vor Feuchtigkeit geschützt, verwenden zu können, bewahre man sie in braunen Weithalsgläsern mit eingeschliffenem Stopfen auf, bzw. in sogenannten Extraktgläsern, deren Stopfen mit Calciumchlorid beschickt werden kann. Vor dem Einfüllen müssen die Standgefäße jedesmal sorgfältig gereinigt werden. Zu diesem Zweck spült man sie erst einmal mit sterilisiertem destillierten Wasser aus, hierauf mit Alkohol und Äther und trocknet sie im Freseniusschen Trockenschrank (siehe S. 16).

Bei der Entnahme der Chemikalien verwende man nur sterilisierte Glas- oder Porzellanlöffel, um auch auf diese Weise irgendeiner Beschmutzung und Infektion vorzubeugen.

Nachstehend lasse ich noch die **Vorschriften zur Herstellung der gebräuchlichsten Ampullenflüssigkeiten** folgen, wobei ich mir die von Lic. pharmac. K. Kollo[1]), einem erfahrenen Praktiker, gegebenen wertvollen Mitteilungen zum Vorbild genommen habe.

[1]) Pharm.-Zentralh. 1913, Nr. 44 ff.

Solutio Adonini.

Adonin.	0,2—1 g
Aqu. redestill.	ad 100 ccm

Das Salz wird in einem vorher sterilisierten Meßkolben von 100 ccm mit einem Teil des redestillierten Wassers gelöst und die Lösung bis zur Marke aufgefüllt. Das Keimfreimachen geschieht entweder vermittels Filtrierens durch ein Bakterienfilter oder durch Tyndallisation der gefüllten und zugeschmolzenen, braunen Ampullen von 1,2 ccm Inhalt nach den auf S. 61 gegebenen Anweisungen. Die Lösung sei neutral, klar und farblos.

Solutio Adrenalini.

Adrenalin. pur.[1])	0,1 g
Acid. hydrochloric.	0,2 g
Natr. chlorat. puriss.	0,8 g
Acid. carbolic. liquefact.	gtts. II
Aqu. redestill.	ad 100 ccm

Die Darstellung erfolgt zweckmäßig in der Weise, daß man das aus Salzsäure, Kochsalz und Wasser bestehende Gemisch zum Sieden erhitzt, dann Adrenalin zufügt, abermals aufkocht und schließlich in braune Ampullen von 1,2—5,2 ccm Inhalt abfüllt. Eine viertelstündige Sterilisation im Dampf von 100° C nach dem Schließen der Ampullen ist angezeigt. Die Lösung reagiere schwach sauer und sei klar und farblos.

Rot oder braun gefärbte Adrenalinlösungen zeigen das Vorhandensein von physiologisch unwirksamem Oxyadrenalin an. Es bildet sich sowohl durch die Einwirkung von Licht und Luft, als auch durch alkalihaltiges Glas.

Solutio Antipyrini.

Antipyrin	30 g
Aqua redestill.	ad 100 ccm

Nach dem Lösen wird in Ampullen von 2 ccm Fassungsvermögen gefüllt. Sterilisation im Dampf- oder Heißlufttrockenschrank entweder 20 Minuten bei 110° oder 30 Minuten bei 105° C.

---

[1]) Bezugsquelle: Parke Davis & Co., London (vgl. Pharm.-Ztg. 1903, Nr. 73).

Solutio Apioli.

Apiol. crystallisat.	20 g
Ol. Nuc. alcohol. lavat.	ad 100 ccm

Das mit Alkohol gewaschene Nußöl wird zusammen mit dem Apiol in einem sterilisierten Kolben auf dem Wasserbad erhitzt, nach erfolgter Lösung durch ein mit heißem Nußöl getränktes Filter in den sterilisierten Meßkolben gefüllt und nach dem Erkalten auf 100 ccm aufgefüllt. Man fasse in braune Ampullen von 1,2 ccm Inhalt ab, welche nach dem Schließen noch an drei aufeinanderfolgenden Tagen bei 65—70° C zu sterilisieren sind. Die Lösung sei eine klare, farblose, neutral reagierende Flüssigkeit.

Solutio Apocodeini hydrochlorici.

Apocodein. hydrochloric.	1—3 g
Aqu. redestill.	ad 100 ccm

Darstellung, wie bei Sol. Adonini angegeben. Man fülle die klare, farblose und neutral reagierende Lösung in braune Ampullen von 2,2 ccm Inhalt.

Solutio Apomorphini hydrochlorici.

Apomorphin. hydrochloric.	1 g
Acid. acetic. dil. gtts.	V g
Aqua redestill.	ad 100 ccm

Man benutzt hier zweckmäßig ausgekochtes, von der Luft befreites redestilliertes Wasser, das in einem mit Glasstopfen versehenen Kolben erkaltet ist. Die Verwendung von Salzsäure ist zu unterlassen, da sie die Injektionen schmerzhaft macht. Nach dem Lösen und Auffüllen im Meßkolben wird durch ein Berkefeldfilter direkt in den Ampullenfüllapparat filtriert. Abfüllung meistens in braune Ampullen von 1,2 ccm Inhalt. So bereitete Apomorphinlösungen sind lange haltbar. Ihre Zersetzung erkennt man an der Grünfärbung.

Solutio Arrhenali.

Natr. Arrhenali	5 oder 10 g
Aqu. redestill.	ad 100 ccm

Das Salz wird in einem sterilisierten Meßkolben mit einem Teil des redestillierten Wassers gelöst und nach völligem Erkalten auf 100 ccm aufgefüllt. Die Lösung ist durch ein poröses Tonfilter zu filtrieren und nach dem Abfüllen in weiße Ampullen von 1,2 ccm Inhalt eine Viertelstunde im Dampf von 110° C zu sterilisieren. Die Lösung sei klar, farb- und geruchlos, von schwach alkalischer Reaktion.

Arrhenal (Natr. monomethylarsenic.) ist in gut schließenden Weithalsgefäßen mit Glasstopfen aufzubewahren.

Solutio Atoxyli.

Natr. arsanilic. (= Atoxyl)	10 g
Aqu. redestill.	ad 100 ccm

Arbeitsweise, wie bei der vorstehenden Lösung. Da das Salz sehr empfindlich ist, darf nicht einmal tyndallisiert werden. Man bereite nie mehr Ampullen, als gebraucht werden, denn auch durch längeres Lagern erfolgt gern Abspaltung des viel giftigeren arsensauren Natriums. Dieses läßt sich schon äußerlich durch Gelbfärbung der Lösung erkennen. Sie sei eine klare, farblose und neutral reagierende Flüssigkeit.

Solutio Atropini sulfurici.

Atropin. sulf.	0,1 g
Aqua redestill.	ad 100 ccm

Nach dem Lösen und Filtrieren wird in braune Ampullen von 1,2 ccm Inhalt gefüllt. Drei Tage tyndallisieren. Lösung sei völlig farblos.

Wegen der Abgabe von Kristallwasser an die Luft werde das Atropin. sulf. samt Originalgläschen in einer sogenannten Extraktflasche aufbewahrt, deren Hohlstopfen man mit feuchter Watte beschickt hat.

Solutio Camphorae oleosa.

Nach dem D. A.-B. V hergestelltes Kampferöl wird in braune Ampullen von 1,2 ccm Inhalt gefüllt und an drei aufeinanderfolgenden Tagen bei 80° C tyndallisiert.

Solutio Camphorae aetherea.

Camphor. trit.	10 g
Aether. sulf.	ad 100 ccm

Abfüllen in braune Ampullen von 1,2 ccm Inhalt. Tyndallisieren hier überflüssig.

Solutio Chinini bihydrochlorici carbamidati.

Chinin. bihydrochloric. carbamidat.	25 g
Aqua redestill.	ad 100 ccm

Lösen, filtrieren und abfüllen in braune Ampullen von 1,2 ccm Inhalt, tyndallisieren an drei aufeinanderfolgenden Tagen bei 90—100° C. Das Chinin. bihydrochlor. carbamidat. wird am besten frisch bereitet. Dabei einengen der Mutterlauge im Vakuum! Man verwende nur die aus der ersten freiwilligen Kristallabscheidung und nach dem Einengen der ersten Mutterlauge gewonnenen Kristalle. Die Lösung muß farblos sein und Ammoniak darf sich nicht mehr nachweisen lassen.

Solutio Chinini hydrochlorici cum Urethano.

(Nach Gaglio.)

Chinin. hydrochloric.	
Urethan.	āā 30 g
Aqua redestill.	ad 100 ccm

Die Salze sind in einer sterilisierten Porzellanreibschale zuerst für sich, dann mit der Hälfte des heißen Wassers zu verreiben und schnell in den bereit stehenden Meßkolben zu füllen. Nach dem Erkalten wird auf 100 ccm aufgefüllt, filtriert und in braune Ampullen von 1,2 ccm Inhalt abgefaßt. Tyndallisieren dreimal bei 80° C. Die Lösung muß neutral reagieren.

Urethan ist in Extraktgläsern mit Chlorcalciumstopfen aufzubewahren.

Solutio Chinini hydrochlorici cum Antipyrini.

(Nach Laveran.)

Chinin. hydrochloric.	30 g
Antipyrin.	20 g
Aqua redestill.	ad 100 ccm

Verreiben unnötig, da leicht löslich. Filtrieren und abfüllen in braune Ampullen von 1,2 ccm Inhalt. Tyndallisieren dreimal bei 90—100° C. 1 ccm entspricht 0,3 g Chininhydrochlorid. Lösung sei farblos und neutral.

Solutio Cocaini hydrochlorici.

Cocain. hydrochloric.	1 g
Aqua redestillat.	ad 100 ccm

Man fülle in braune Ampullen von 1,2 ccm Inhalt und tyndallisiere an drei aufeinanderfolgenden Tagen bei 90° C. Die Lösung soll farblos sein und neutral reagieren.

Solutio Coffeini.

Coffein.	25 g
Natr. benzoic. solut.	35 g
Aqua redestill.	ad 100 ccm

30,8 Natrium carbonicum puriss. cryst. werden in 15 g heißem, nochmals destillierten Wasser in einer Porzellanschale gelöst, auf das Wasser- oder Dampfbad gestellt und unter Umrühren mit einem Glasstab bis zur völlig neutralen Reaktion mit reiner, künstlicher, aus Toluol bereiteter Benzoesäure versetzt, wozu etwa 26,4 g Säure erforderlich sind. Diese Gewichtsmengen ergeben 35 g Natriumbenzoat in Lösung.

Jetzt fügt man schnell 25 g Koffein hinzu, rührt bis zur Auflösung, bringt die Lösung in einen Meßkolben von 100 ccm Inhalt und ergänzt nach völligem Erkalten bis zur Marke mit nochmals destilliertem Wasser.

Nach dem Filtrieren im Vakuum wird die Lösung in weiße Ampullen von 1,2 ccm Inhalt gefüllt, welche noch eine Stunde im Dampf bei 100° C zu sterilisieren sind.

Käufliches Natriumbenzoat ist gern sauer. Es muß daher erst mit einer konzentrierten heißen Lösung von reinem kristallisierten Natriumkarbonat in nochmals sterilisiertem Wasser neutralisiert werden.

Die Ampullenflüssigkeit sei möglichst farblos und völlig neutral.

Solutio Collargoli.

Collargol.	1 g
Aqua redestill. sterilisat.	ad 100 ccm

Das kolloidale Silber wird in einer sterilisierten Reibschale mit einem Teil des Wassers angerieben und rasch in einen sterilisierten Meßkolben gegeben. Mit dem Rest des Wassers wird die Schale nachgespült und vollends angefüllt. Nach dem Absitzen wird, ohne zu filtrieren, in braune Ampullen von 1,2 ccm Inhalt abgefüllt. Wegen der Zersetzungsgefahr dürfen die gefüllten und geschlossenen Ampullen nicht sterilisiert werden.

Bei dem Bezug des Collargols achte man darauf, daß man solches erhält, welches mittels Schutzkolloiden bereitet wurde.

Anders hergestellte Präparate sind für subkutane Zwecke wenig geeignet, da sie durch das Chlornatrium der Körpersäfte gefällt werden. Die Prüfung auf neutrale Reaktion und Abwesenheit fremder Schwermetalle, sowie die Bestimmung des Glührückstandes und des Silbergehalts sollen vor der Verwendung des kolloidalen Silbers vorgenommen werden [1]).

Solutio Dionini.

Dionin.	1 g
Aqua redestill.	ad 100 ccm

Man löst, filtriert und füllt in braune Ampullen von 1,2 ccm Inhalt. Tyndallisation der farblosen und neutralen Lösung dreimal bei 90° C.

Solutio Duboisini sulfurici.

Duboisin. sulfuric.	0,1 g
Aqua redestill.	ad 100 ccm

Darstellung, wie bei Solutio Adonini unter Beobachtung aller Regeln der Asepsis. Wegen der leichten Zersetzlichkeit ist nicht einmal Tyndallisation angebracht.

Solutio Enesoli.

Enesol.	4 g
Aqua redestill.	ad 100 ccm

Darstellung, wie bei Sol. Dionini angegeben. Abfüllung in braune Ampullen von 2,2 ccm Inhalt. Sterilisationsverfahren: Tyndallisation bei 90° C. Klare, farblose Lösung von neutraler Reaktion.

Solutio Gelatinae.

Gelatin. optim.	100 g
Aqu. destill.	850 g
$^1/_{10}$ Normal-Liqu. Natr. caustic.	q. s.
Album. ovi	Nr. II.
Natr. chlorat. puriss.	8 g
Aqu. redestill.	ad 1000 g

Man läßt die Gelatine mit der vorgeschriebenen Menge Wasser in einem runden Kolben 12 Stunden quellen, um sie dann auf

[1]) Näheres Moßler, Nichtoffizinelle Präparate. 1. H. Wien und Leipzig.

dem Wasserbade vollends zur Lösung zu bringen. Hierauf neutralisiere man mit Normal-Natronlauge und lasse auf 40—45° C abkühlen. Inzwischen wird das Eiweiß von zwei frischen Hühnereiern zuerst für sich, dann mit etwa dem dreifachen Volumen Gelatinelösung gequirlt und schließlich zur übrigen Gelatinelösung gegeben. Jetzt sterilisiere man im Dampf bei 100° C, bis das Eiweiß koaguliert und filtriere durch ein Faltenfilter in einen sterilisierten Literkolben entweder unter Benutzung eines heizbaren Trichters oder durch Einstellen in einen durch einen schwachen Dampfstrom erwärmten Sterilisierapparat. Mittlerweile löst man die vorgeschriebene Menge Kochsalz in wenig Wasser, gibt die Salzlösung zum Filtrat und füllt auf 1000 g mit redestilliertem Wasser auf.

Die klare Lösung wird in weiße oder braune Ampullen von 50—100 ccm Inhalt gefüllt und nach dem Zuschmelzen an drei aufeinanderfolgenden Tagen jedesmal 30 Minuten im Dampf von 100° C tyndallisiert. In der Zeit zwischen den einzelnen Fraktionen und nach der beendeten Sterilisation bewahrt man die Ampullen im Brutschrank auf, um sicher zu sein, daß die Lösung keimfrei ist.

Eine andere bewährte Vorschrift zur Darstellung von Gelatinelösung ist die von Curschmann[1]): In 160 g zum Sieden erhitztem destillierten Wasser löst man unter stetem Umrühren 40 g beste Gelatine. Alsdann wird wie oben mit Normal-Natronlauge neutralisiert und Karbolsäure (12 Tropfen) zugegeben. Sobald die hierdurch entstandenen Fällungen verschwunden sind, klärt man mit dem Eiweiß eines Hühnereies oder einer Lösung von 3 g Albumen siccum in 50 g Wasser, filtriert nach vollkommener Koagulation des Albumins durch einen bedeckten Heißwasser- oder Dampftrichter und füllt das Filtrat auf 200 ccm auf. Das Abfüllen und Sterilisieren dieser Lösung erfolgt nach den gleichen Grundsätzen, wie bei der ersten Vorschrift angegeben wurde.

Solutio Guajacoli cacodylica.

Da nur ein gewisser Teil des Guajakols in Lösung geht, und der Rest suspendiert ist, erhält man in der Regel trübe Lösungen. Bei nicht ganz gefüllten Ampullen wird die Trübung durch langsame Oxydation des Guajakols noch vermehrt. Bourdet[2]) hat

---

[1]) Münch. med. Wochenschr. 1902, Nr. 34.
[2]) Bull. scienc. pharm. 1911, S. 351.

daher vorgeschlagen, statt des wenig löslichen und nicht gut definierten Guajakolkakodylats wässerige Lösungen von Natriumkakodylat und ölige Lösungen von Guajakol zu wählen.

Solutio Guajacyli.

Guajacyl.	10 g
Aqu. redestill.	ad 100 ccm

Bereitungsweise wie bei Solutio Dionini angegeben. Abfüllung in braune Ampullen von 1,2 ccm Inhalt. Nachherige fraktionierte Sterilisation dreimal bei 85° C. Klare, farblose und neutrale Flüssigkeit.

Solutio Heroini hydrochlorici.

Heroini hydrochloric.	0,5 g
Aqua redestill.	ad 100 ccm

Das Salz wird kalt im Meßkolben gelöst, durch ein poröses Tonfilter filtriert und in braune sterilisierte Ampullen von 1,2 ccm Inhalt abgefüllt. Nach dem Verschließen darf weder sterilisiert, noch tyndallisiert werden, da die essigsauren Verbindungen des Morphins, besonders beim Erwärmen, leicht zersetzt werden unter Abspaltung von Essigsäure. Wegen der Empfindlichkeit des Heroin. hydrochloric. sollen nie größere Mengen und längere Zeit aufzubewahrende Ampullen bereitet werden.

Die fertigen Ampullen prüfe man auf Farblosigkeit und völlige Geruchsfreiheit.

Solutio Hetoli.

Hetol.	0,5 g
Aqu. redestill.	ad 100 ccm

Darstellung analog der Solutio Dionini.

Solutio Hydragyri benzoici.

Hydrarg. benzoic.	1 g
Cocain. hydrochloric. vel Stovain.	0,25 g
Natr. chlorat. puriss.	2,5 g
Aqu. redestill.	ad 100 ccm

Die unter sterilen Bedingungen abgewogenen Salze sind in einem sterilisierten Meßkolben mit etwa 50 ccm heißem, nochmals destillierten Wasser zu lösen und nach dem Erkalten auf 100 ccm aufzufüllen. Nach der Füllung in braune Ampullen von 1,2 ccm

Inhalt folgt dreimalige Tyndallisation bei 100° C. Die Lösung sei klar, ihre Reaktion neutral oder nur schwach sauer.

Zur Vermeidung von Quecksilberoxydabscheidungen sind Ampullen aus völlig alkalifreiem Glas zu wählen.

Solutio Hydrargyri bichlorati.

Hydrarg. bichlorat.	1 g
Natr. chlorat. puriss.	5 g
Aq. redestill.	ad 100 ccm

Arbeitsweise wie bei der vorstehenden Lösung. Nach dem Abfüllen 20 Minuten langes Sterilisieren im Dampf bei 120° C. Farblose Lösung von neutraler Reaktion.

Solutio Hydrargyri bijodati.

Hydrarg. bijodat.	2 g
Natr. jodat.	3 g
Natr. chlor. puriss.	0,7 g
Aqu. redestill.	ad 100 ccm

Herstellung in bekannter Weise. Nach dem Abfüllen in braune Ampullen von 1,2 ccm ist eine Viertelstunde im Dampf bei 115° zu sterilisieren. Konzentriertere Lösungen sollen das Quecksilberbijodid und Natriumjodid im gleichen Verhältnis 2:3 enthalten, während der Kochsalzgehalt der gleiche bleibt.

Für die **ölige Quecksilberbijodatlösung** gilt folgende Vorschrift:

Hydrarg. bijodat.	0,4 vel 0,5 g
Guajacol. crist. puriss.	3 g
vel Anasthesin.	0,4 g
Ol. Nuc. alcohol. lavat.	ad 100 ccm

Das mit Alkohol gereinigte Nußöl ist in einem sterilisierten Kolben mit dem Quecksilbersalz auf dem Wasserbade zum Zwecke der Lösung zu erhitzen. Hierauf gibt man das Anasthetikum hinzu und schüttelt bis zur vollständigen Lösung. Es ist dann noch durch ein mit heißem Nußöl getränktes, sterilisiertes Filter in den ebenfalls sterilisierten Meßkolben zu filtrieren und nach dem Erkalten bis zur Marke aufzufüllen.

Olivenöl verwende man lieber nicht, da es nach einiger Zeit gern Quecksilberoleat abscheidet. Sehr gut eignet sich dagegen ein Gemisch aus gleichen Teilen Nuß- und Rizinusöl. Da jedoch letzteres nicht mit Alkohol gereinigt werden kann, gibt man in der Regel Nußöl allein den Vorzug.

Die Vorschriften für das Abfüllen (weithalsige Ampullen!) und Sterilisieren der öligen Quecksilberbijodatlösung sind die gleichen, wie bei der wässerigen Lösung.

Beide Lösungen sollen neutral reagieren. Die wässerige Lösung darf nur schwach gelb sein und keine Abscheidung reduzierten Quecksilbers enthalten. Die ölige Flüssigkeit soll eine kaum stärker gelblich bis rote Färbung zeigen, als das verwendete Nußöl, ferner frei von Oleatabscheidungen sein.

Solutio Hydrargyri chlorati.

Hydrarg. chlorat.	5 g
Paraff. liquid. alcohol. lav.	ad 100 ccm

Das Kalomelpulver wird zunächst mit einem kleineren Teil des Paraffins angerieben und dann in einen sterilisierten Meßkolben gebracht, um dort mit dem Rest des Paraffins, mit dem auch die Reibschale nachzuspülen ist, bis zur Marke ergänzt zu werden. Man füllt die Aufschwemmung in flaschenförmige, braune Ampullen mit weiter Kapillare und sterilisiert nach dem Zuschmelzen eine Viertelstunde im Dampf von 105° C.

Das Kalomelpulver wird, um von der Abwesenheit auch der kleinsten Spur von Sublimat ganz sicher zu sein, mit Äther solange ausgeschlämmt, bis eine Probe beim freiwilligen Verdunsten keinen, selbst mit der Lupe nicht zu erkennenden Rückstand hinterläßt Ist aller Äther verjagt, wird das Pulver durch ein feines Seidensieb gerieben und im braunen Glasstopfenglas aufbewahrt.

Die Ampullenflüssigkeit soll neutral reagieren und frei sein von ausgeschiedenem, reduzierten Quecksilber, welches sich durch eine graue bis schwärzliche Färbung kundgibt.

Solutio Hydrargyri cyanati.

Hydrarg. cyanat.	1 g
Aqu. redestill.	ad 100 ccm

Keine besondere Bereitungsweise. Füllung in braune Ampullen von 1,2 ccm Inhalt. Nach dem Schließen ist eine Viertelstunde im Dampf bei 115° zu sterilisieren.

Zur Behebung der Schmerzhaftigkeit bei intramuskulärer Injektion wählt man folgende Vorschrift:

Hydrarg. cyanat.	1 g
Cocain. hydrochloric. vel Stovain.	0,5 g
Aqu. redestill.	ad 100 ccm

Diese Lösung wird nicht sterilisiert, sondern dreimal bei 90° C tyndallisiert. Beide Lösungen sollen klar und farblos sein, sowie neutral reagieren.

Solutio Hydrargyri salicylici.

Hydrarg. salicylic.	1 g
Paraffin. liquid.	ad 100 ccm

Bereitungsweise, wie bei Solut. hydrarg. chlorat. Nach der Füllung in braune Ampullen von 1,2 ccm Inhalt, Sterilisation eine Viertelstunde im Dampf bei 100° C.

Zuweilen wird **Quecksilbersalizylat** auch in **wässeriger Lösung** verlangt. Dafür gilt folgende Vorschrift:

Hydrarg. salicylic.	1 g
Solu. Ammon. benzoic.	50 ccm
Liqu. Ammon. caust q. s.	
Aqu. redestill.	ad 100 ccm

Das Quecksilbersalz ist in der Ammoniumbenzoatlösung zu lösen, mit Ammoniakflüssigkeit genau zu neutralisieren und mit redestilliertem Wasser bis zur Marke aufzufüllen. Im übrigen verfährt man wie bei der öligen Aufschwemmung.

Die Ammoniumbenzoatlösung erhält man durch Auflösen von 3,5 g Acidum benzoicum e toluolo in dem Gemisch von 4,5 g Ammoniakflüssigkeit und 10 ccm redestilliertem Wasser. Ist die Lösung schwach sauer, dann ergänzt man sie mit redestilliertem Wasser zu 100 ccm.

Die wässerige Quecksilbersalizylatlösung sei neutral, klar und farblos, die ölige Aufschwemmung schwach sauer und rein weiß.

Solutio Hydrastinini.

Hydrastinin.	5 g
Aqu. redestillat.	ad 100 ccm

Bekannte Bereitungsweise mit anschließender fraktionierter Sterilisation bei 85° C.

Solutio Lecithini.

Lecithin. pur. Merck	10 g
Aqu. redestill.	ad 100 ccm

Man reibt das Lezithin unter Benutzung eines sterilisierten Mörsers und Spatels mit einem kleinen Teil redestillierten Wassers zu einem dünnen Brei an, gibt die Mischung in einen sterilisierten Meßkolben von 100 ccm und füllt bis zur Marke mit Wasser auf, nachdem man vorher damit die Reibschale nachgespült hat. Die Aufschwemmung wird mit peinlichster Sauberkeit in Ampullen von 2,2 oder 5,2 ccm Inhalt gefüllt. Von einer nachherigen Tyndallisation oder gar Sterilisation im Dampf ist wegen der leichten Zersetzlichkeit des Lezithins dringend abzuraten.

Die entsprechende ölige Lösung wird, wie folgt, bereitet:

Lecithin. pur. Merck	
Guajacol.	aa 10 g
Ol. Olivar. alcohol. lavat.	ad 100 ccm

In einem auf etwa 40° C angewärmten, sterilen Mörser verreibt man vorsichtig das Lezithin und Guajakol mit wenig Öl, gießt dann die Flüssigkeit durch ein Stück sterilisierten Mull unter Benutzung eines sterilen Trichters in den sterilen Meßkolben und spült jedesmal zuerst die Reibschale, dann das Mullfilter mit so viel Öl nach, als zum Auffüllen bis zur Marke nötig ist. Der Zusatz von Guajakol ist nicht unbedingt erforderlich.

Für das Abfüllen und Sterilisieren kommen die gleichen Vorschriften, wie bei der wässerigen Lezithinaufschwemmung in Betracht.

Solutio Morphini hydrochlorici.

Morphin. hydrochloric.	1 g oder 2 g
Aqu. redestill.	ad 100 ccm

Das fein zerriebene Morphium löst man im Meßkolben mit einem Teil des noch heißen Wassers und verfährt weiter, wie sonst. Beim Filtrieren benutze man Tonfilter. Nach dem Zuschmelzen der braunen Ampullen von 1,2 ccm Inhalt ist eine halbe Stunde bei 100° C zu tyndallisieren.

Stich und Wulff halten auch eine Sterilisation im Dampf bei 100° C für unbedenklich. Eine Zersetzung des Morphins glauben sie einzig und allein auf eine Alkalinität des Ampullenglases zurückführen zu müssen. Meine Ansicht deckt sich auf Grund eigener Erfahrung mit derjenigen von Kollo und Moßler, wonach die Gelbfärbung der Morphiumlösung mehr auf eine innere Alkalinität zurückzuführen ist, die durch Einwirkung der durch

Spaltung freigewordenen Aminogruppe des Morphinmoleküls auf das Phenylhydroxyl zustande kommt.

Oft ist diese innere Alkalinität schon bei dem trockenen Handelspräparat an einer rötlich bis gelben Färbung zu erkennen. Ein solches Erzeugnis ist natürlich für die Darstellung von Ampullenflüssigkeit nicht geeignet. Bevor man an die genauere Untersuchung auf Reinheit geht, muß daher nachgeprüft werden, mit welcher Farbe sich das Morphinchlorhydrat löst. Dabei hat man natürlich ein Reagenzglas aus Jenaer Normalglas zu benutzen, welches vorher mit 2%iger Salzsäure ausgekocht und mit heißem destilliertem Wasser gut nachgespült wurde.

Die fertige Lösung muß neutral reagieren und farblos sein. Abscheidungen irgendwelcher Art würden auf Zersetzung hindeuten.

Solutio Narceini hydrochlorici.

Narcein. hydrochloric.	3 g
Aqu. redestillat.	ad 100 ccm

Bereitungsweise, wie üblich. Vor dem Abfüllen in braune Ampullen von 1,2 ccm Inhalt Filtration der Lösung durch ein Bakterienfilter. Das Filtrat sei eine klare, farblose, neutral bis schwach sauer reagierende Flüssigkeit.

Solutio Natrii cacodylici.

Natr. cacodylic.	5 oder 10 g
Aqu. redestill.	ad 100 ccm

Übliche Bereitungsweise. Beim Filtrieren ist ein Tonfilter zu benutzen. Die gefüllten weißen Ampullen werden nach dem Zuschmelzen eine Viertelstunde im Dampf von 110° C sterilisiert. Die Lösung sei klar, farb- und geruchlos. Durch Zusatz von Magnesiamixtur darf kein Niederschlag entstehen. Nach Kakodyloxyd riechende Ampullen sind auszuscheiden.

Solutio Natrii glycerinophosphorici.

Natr. glycerinophosphoric. pulv. 100%	20 g
Natr. chlorat. puriss.	0,6 g
Aqu. redestill.	ad 100 ccm

Bereitung wie bei Solutio Natrii cacodylici. Diese Lösung soll klar und farblos sein und gegen Lakmus schwach alkalisch reagieren. Mit Ammoniummolybdat darf keine gelbe Färbung entstehen.

Soll der Lösung noch Strychninkakodylat zugesetzt werden, so wird nach Kollo folgendermaßen verfahren:

0,0185 g Strychninsulfat löst man in einem sterilisierten Reagenzrohr in 10 g heißem, redestillierten Wasser und fügt 0,0525 g Natriumkakodylat hinzu. — Andererseits werden 10 g Natr. glycerophosphat in Pulverform in etwa 50 ccm redestilliertem Wasser in einem Meßkolben von 100 ccm gelöst, die Strychninkakodylatlösung zugegeben und bis zur Marke mit redestilliertem Wasser ergänzt. Im übrigen ist wie bei der Lösung ohne Strychninsulfat zu verfahren.

Außer den dort erwähnten Eigenschaften kommt für die fertige Lösung absolute Geruchlosigkeit in Betracht.

Natriumglyzerophosphat ist stark hygroskopisch und daher in Extraktgläsern mit Chlorcalciumstopfen aufzubewahren.

Solutio Novocaini.

Novocain.	2 g
Natr. chlorat. puriss.	0,9 g
Aqu. redestill.	ad 100 ccm

Lösen, filtrieren, abfüllen in weiße Ampullen von 1,2 ccm Inhalt und Sterilisieren eine Viertelstunde lang im Dampf bei 100°.

In der Zahntechnik hat sich die folgendermaßen zusammengesetzte Novocainlösung bewährt:

Novocain.	2 g
Cocain. hydrochloric.	0,5 g
Natr. chlorat. puriss.	0,9 g
Acid. carbolic. puriss. crist.	0,1 g
Suprarenin. hydrochloric. 1:1000 gtts.	V
Aqu. redestill.	ad 100 ccm

Diese Lösung muß im Vakuumapparat abgefüllt werden. Nach dem alsbaldigen Zuschmelzen darf wegen der leichten Zersetzlichkeit des Suprarenins nicht noch sterilisiert oder tyndallisiert werden. Die Lösung sei eine klare, farblose und neutrale Flüssigkeit.

Solutio Pilocarpini hydrochlorici.

Pilocarpin. hydrochloric. D. A.-B. V	1 g
Aqu. redestill.	ad 100 ccm

Bekannte Bereitungsweise. Abfüllen in braune Ampullen. Nach dem Schließen tyndallisiere dreimal bei 90—100° C. Klare, farblose Lösung von schwach saurer Reaktion.

Wegen der Hygroskopizität des Pilocarpins verwende man die kleinsten im Handel befindlichen 1 Gramm-Packungen, welche in einem braunen Extraktglas mit Chlorcalciumstopfen aufgewahrt werden.

Solutio Scopomorphini.

Euscopol.	0,06 g
Morphin. hydrochloric.	1,5 g
Aqu. redestillat.	ad 100 ccm

Morphinchlorhydrat und Euscopol werden im sterilen Mörser fein verrieben, mit noch warmem redestillierten Wasser durch einen sterilen Trichter in den ebenfalls sterilen Meßkolben gespült und die Lösung nach dem Erkalten auf 100 ccm aufgefüllt. Nach dem Filtrieren durch ein Bakterienfilter wird in braune, alkalifreie Ampullen von 1,2, bzw. 2,2 ccm Inhalt abgefüllt. Nach dem Zuschmelzen kann noch an drei aufeinanderfolgenden Tagen bei 80° C sterilisiert werden.

Die Lösung soll klar und farblos sein, sowie neutral reagieren. Irgendwelche Ausscheidungen würden eine Zersetzung anzeigen.

Bezüglich des Morphinchlorhydrats vergleiche die bei Solutio Morphini hydrochlorici (S. 32) gegebenen Mitteilungen.

Solutio Stovaini.

Stovain.	2 g
Aqu. redestill.	ad 100 ccm

Bekannte Bereitungsweise. Abfüllung in braune Ampullen. Dampfsterilisation bei 100° C eine halbe Stunde lang. Klare, farblose, schwach saure Flüssigkeit.

Solutio Strychnini sulfurici.

Strychnin. sulfuric.	0,10 g
Natr. chlorat. puriss.	0,75 g
Aqu. redestill.	ad 100 ccm

Nach dem Lösen und Filtrieren fülle man in weiße Ampullen, schließe und tyndallisiere sie dreimal bei 100° C. Die Lösung sei klar, farblos und von neutraler Reaktion. Alkalisches Ampullenglas ruft Ausscheidung von Strychninkristallen hervor.

Ampullenflüssigkeiten für Einatmungs- und Narkosezwecke.

Aether pro narcosi.

Aether pro narcosi wird bei Kühlung mit Eis in braune Ampullen von 25 ccm Inhalt gefüllt. Über das Schließen dieser Ampullen siehe das entsprechende Kapitel.

Aether bromatus.

Wie bei Äther angegeben, zu bereiten.

Aether jodatus (Jodäthyl).

Das nach Möglichkeit frisch bereitete Präparat füllt man in farblose oder farbige Ampullen von 0,25 ccm Inhalt, die etwa 5 Tropfen davon fassen und wie eine Olive mit zwei Spitzen geformt sind. Man schmilzt erst die eine Spitze zu, gibt das Jodäthyl hinein und schließt rasch auch das andere Ende. Jetzt dreht man die Ampulle in einen Wattebausch ein, umwickelt mit einem Streifen Filtrierpapier, als wenn man eine Zigarette drehen wollte, und faltet die Enden zusammen. Schließlich werden sie noch mit einem Klebstoff verklebt.

Amylium nitrosum.

Bereitungsweise wie bei Aether jodatus.

Chloroformium pro narcosi.

Das den Anforderungen des D. A.-B. V entsprechende Chloroformium pro narcosi fülle man in braune Ampullen von 25 ccm, bzw. 50 ccm Inhalt unter gleichen Bedingungen, wie bei Aether pro narcosi beschrieben wurde.

Pyridinum.

Pyridin wird genau wie das Jodäthyl verarbeitet.

Füllen der Ampullen.

Es ist derjenige Abschnitt der Ampullenfabrikation, für welchen der deutsche Erfindergeist die meisten Möglichkeiten geschaffen hat. Im folgenden soll an einer Reihe von Ampullenfüllapparaten gezeigt werden, inwieweit es gelungen ist, Apparate zu bauen, die unter möglichst einfachen Bedingungen ein schnelles und sicheres Arbeiten gestatten. Diese Ansprüche sind immer an einen einwandfreien Abfüllapparat zu stellen.

Unter Umständen braucht man zum Füllen der Ampullen gar keine besondere Apparatur. Man verfährt dann, wie folgt [1]): Man nimmt zwei Weithalsgläser von 30 ccm Inhalt und gibt in das eine die abzufüllende Lösung, in das andere etwa 10 ccm steriles, destilliertes Wasser. Dann erwärmt man den Leib der sorgfältig

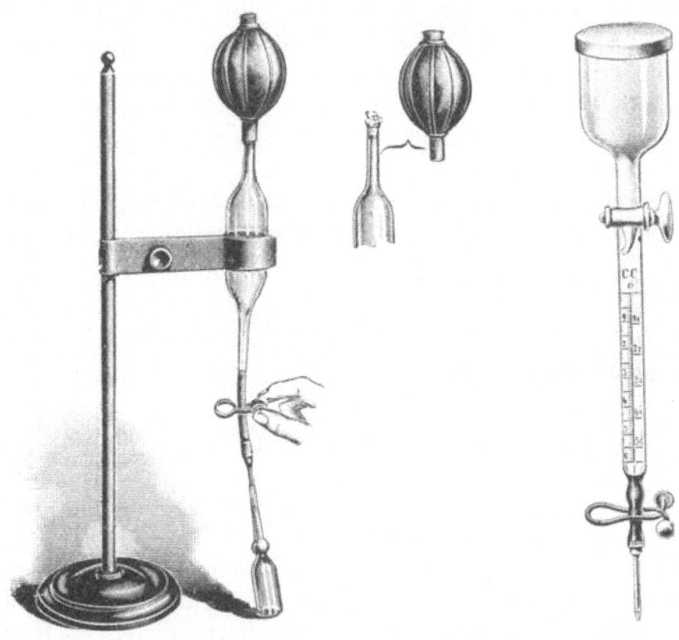

Fig. 27. Ampullenfüllapparat nach Dr. Stich.

Fig. 28. Ampullen-Füllbürette nach Dr. Wulff.

vorbereiteten Ampulle über einer Gasflamme und stellt sie mit nach unten gerichteter Spitze in das destillierte Wasser. Sobald etwas Wasser aufgestiegen ist, schleudert man die wenigen Tropfen nach dem Boden des Gefäßchens und erhitzt, bis Wasserdampf austritt. In diesem Augenblick bringt man die Ampulle mit nach unten gerichteter Spitze in das Gefäß mit der einzufüllenden Lösung, wobei letztere in die Ampulle eindringt und sie füllt.

[1]) Pharm. Post 1911, S. 274.

Sollen die Ampullen mit öligen Flüssigkeiten beschickt werden, so braucht man nur statt des destillierten Wassers Äther zu verwenden. Im übrigen wird, wie eben angegeben, verfahren.

Diese Art des Ampullenfüllens ist gegebenenfalls in der Rezeptur und auch da nur mehr als Notbehelf zu wählen. In der Regel verfügt man über einen der nachstehend besprochenen Apparate.

Verhältnismäßig einfach ist der Ampullenfüllapparat nach Dr. Stich[1]). Wir sehen in Fig. 27 eine weitlumige Pipette, deren Spitze durch ein Stück Schlauch mit einer in den Ampullenhals passenden Glaskapillare versehen ist. Die Öffnung wird mit Watte als Keimfilter verschlossen. Um das Abfließen der in die Pipette eingesaugten Flüssigkeit zu beschleunigen, ist noch ein Gummiballon vorgesehen.

Etwas eleganter erscheint die in Fig. 28 wiedergegebene Füllbürette nach Dr. Wulff[2]). Zur Aufnahme der Füllungsflüssigkeit

Fig. 29.
Pravaznadel nach Dr. Hanslian.

trägt sie oben einen Fülltrichter mit Hahn. Der Abfluß wird durch einen Quetsch- oder Glashahn reguliert. Am unteren Ende der Füllbürette ist mittels eines Gummistückes eine Pravaznadel aus Glas, reinem Nickel oder Platin-Iridium angebracht. Eine solche aus Platin hat den Vorzug, gegenüber allen in Betracht kommenden Lösungen indifferent zu sein.

E. Koellner vervollkommnete diesen Apparat dadurch, daß er zur Vermeidung der Gummiverbindung die Pravaznadel auf das Bürettenende luftdicht schließend aufschleift.

Eine sehr wertvolle Verbesserung der Pravaznadel hat Dr. Hanslian dadurch geschaffen, daß er sie aus transparentem, elastischen Material von der Firma Dr. Herm. Rohrbeck Nachf. in Berlin N 4 herstellen läßt. Das Hansliansche Auslaufröhrchen (Fig. 29) besteht, wie die bereits kennen gelernten Pravaznadeln, aus einem erweiterten Kopfstück, welches am konischen Ende des

[1]) Bezugsquelle: Franz Hugershoff, Leipzig.
[2]) Bezugsquelle: Fridolin Greiner, Neuhaus a. Rennweg.

Füllapparates, an welchem es verwendet werden soll, ausgebohrt und auf diesen aufgeschliffen wird, sowie aus einer Spitze, die für gewöhnlich nur 1,5 mm Außendurchmesser besitzt, so daß sie leicht in den Hals einer Ampulle von 1,2 ccm Inhalt eingeführt werden kann. Das Röhrchen hat allerdings den Nachteil, daß es gegen ätherische, stark saure oder alkalische Flüssigkeiten empfindlich ist. Auch soll man aus dem gleichen Grund Lösungen, die eine 70° C übersteigende Temperatur besitzen, nicht hindurchschicken.

Beim Füllen der Ampullen setzt man diese so auf den Zeigefinger der linken Hand auf, daß sich die Nadelspitze immer etwas über der steigenden Flüssigkeit, jedoch unterhalb der Kapillare befindet. Man vermeidet so das Überspritzen und Überlaufen der Ampullen. Damit keine Tropfen der Füllungsflüssigkeit in den Ampullenhals gelangen, was beim Zuschmelzen sehr stören würde, muß die Nadel nach jeder einzelnen Füllung mit sterilem Verbandstoff abgewischt werden. Man fülle die Ampullen immer dreiviertel voll, da sonst die Gefahr des Springens infolge des beim Sterilisieren sich erhöhenden Druckes sehr groß ist.

Zum Abfüllen dickflüssiger, z. B. öliger Lösungen, benutze man möglichst weitlumige Hohlnadeln.

Gereinigt werden die Pravaznadeln entweder durch Kochen mit 1%-iger Sodalösung, bzw. durch Erhitzen mit 1%-iger Soda- oder Boraxlösung im Autoklaven. Nach dieser Behandlung sind die Nadeln nacheinander sorgfältigst mit sterilem Wasser, Alkohol und Äther zu spülen und vor dem nächsten Gebrauch zu sterilisieren. Platin-Iridiumnadeln, sowie Stahlnadeln werden durch Abspülen mit Alkohol und nachheriges Erhitzen in der Flamme gereinigt. Ihre Aufbewahrung geschieht zweckmäßig unter Alkohol.

Die beiden nächsten Abbildungen (Fig. 30 u. 31) veranschaulichen den selbstmessenden Ampullenfüllapparat nach Telle und Stephan, wie er von der Apparatebauanstalt Dr. Hermann Rohrbeck Nachf., G. m. b. H. in Berlin N 4, Pflugstr. 5, bezogen werden kann. Er ist dadurch ausgezeichnet, daß man mit ihm in jede Ampulle ein stets gleiches, genau abgemessenes Quantum Füllungsflüssigkeit eintragen kann. Da die Ampullen in Bezug auf die Größe ihres Innenraumes nicht immer gleichmäßig ausfallen, ist diese Eigenschaft des Apparates von beachtlicher Bedeutung. Wie aus Fig. 30 ersichtlich, befinden sich in dem Hahnkolben zwei geeichte Maße, die sich abwechselnd füllen und leeren.

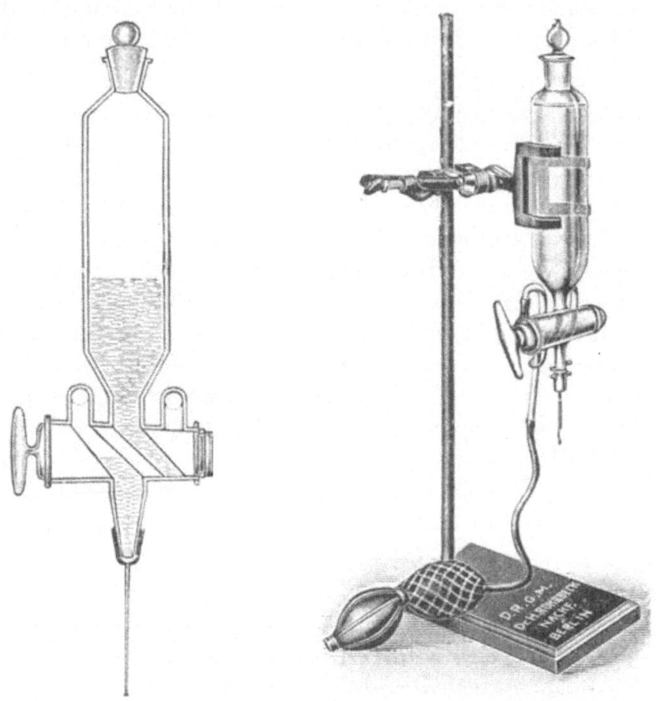

Fig. 30. Fig. 31.

Fig. 30 u. 31. Selbstmessender Ampullen-Füllapparat nach Dr. Telle und Stephan.

Die Handhabung des Apparates ist außerordentlich einfach, so daß sie auch dem Nichtfachmann zur Benutzung anvertraut werden kann. Eine Drehung des Hahnkükens um 180° genügt, um die abgemessene Flüssigkeitsmenge in die untergehaltene Ampulle fließen zu lassen. Während dieser Zeit füllt sich das andere Meßgefäß im Hahnkolben, so daß nicht nur ein genaues, sondern auch ein verhältnismäßig schnelles Arbeiten möglich ist.

Damit das Ausfließen nicht so lange dauert, kann man ein Handgebläse benutzen, welches an die zum Zweck des Luftzutritts am äußeren Hahnteil vorgesehenen Öffnungen angeschaltet wird.

Auf dem gleichen Prinzip beruht der in Fig. 32 wiedergegebene, automatische Ampullenfüllungsapparat. Er wird nach den Angaben von Telle[1]) von der Glasinstrumentenfabrik Robert Goetze in Leipzig und Halle hergestellt und unterscheidet sich von dem zuletzt erwähnten in der Hauptsache durch seine äußere Form. Außerdem ist hier eine Filterkerze eingefügt, durch welche die abzufüllende Lösung mittels einer an das seitliche Ansatzrohr nebst Wattefilter c angeschalteten Wasserstrahlluftpumpe unmittelbar in den sterilisierten Apparat hineingesaugt werden kann. Dieser Umstand macht den Apparat ebenso zum Abfüllen solcher Flüssigkeiten geeignet, die nach dem Füllen in die Ampullen keine regelrechte Sterilisation mehr vertragen.

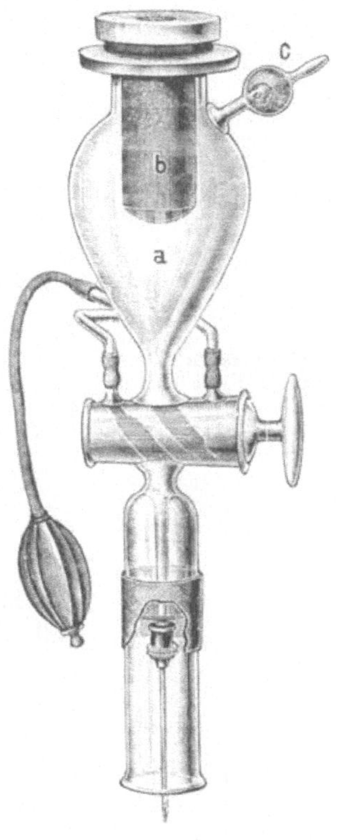

Fig. 32.
Automatischer Ampullen-Füllapparat nach Dr. Telle.

Hierher gehört auch der von der Apparatebauanstalt Dr. Hodes & Göbel in Ilmenau gebaute und durch Fig. 33 veranschaulichte Füllapparat. Es sind hier in den Hahnkolben gleichfalls zwei Hohlräume a von bestimmtem, gleichen Fassungsvermögen ausgebohrt, von denen sich bei entsprechender Stellung des Hahnkükens der eine füllt, während sich der andere in die untergehaltene Ampulle entleert. Um den Apparat gebrauchsfertig zu machen, ist natürlich noch eine geeignete Pravaznadel an sein Ausflußende zu stecken. Das Ausfließen der Lösung kann durch ein bei b angeschaltetes Gebläse beschleunigt werden.

Ein anderer, recht originell gebauter, selbstmessender Ampullenfüllapparat wird durch Fig. 34 veranschaulicht. Hersteller

[1]) Pharm. Zentralh. 1911, Nr. 34, S. 889.

desselben ist wieder die Firma Dr. Hodes & Göbel. Er besteht aus einem Abfüllzylinder c, dem eine seitlich abgebogene Pravaznadel und ein Dorn für das Gebläse ansitzt, — dem Dispensiergefäß b, welches mit einem senkrecht aufsteigenden Luftzufuhrrohr ausgestattet ist und in den oberen Teil des Zylinders c paßt, sowie aus dem Vorratsgefäß a, welches soweit mit der Ampullenflüssigkeit gefüllt wird, daß das Luftzufuhrröhrchen des Dispensiergefäßes noch etwa 1—2 cm über der Flüssigkeitsoberfläche herausragt. Durch einen gleichmäßigen Gebläsedruck füllt sich das Meßgefäß; wird er durch Zuklemmen des Schlauches mit dem Finger abgestellt, so ergießt sich die Flüssigkeit in die mit der anderen Hand unter die Hohlnadel gehaltene Ampulle. Es leuchtet leicht ein, daß auf diese Weise ein verhältnismäßig rationelles Arbeiten ermöglicht wird.

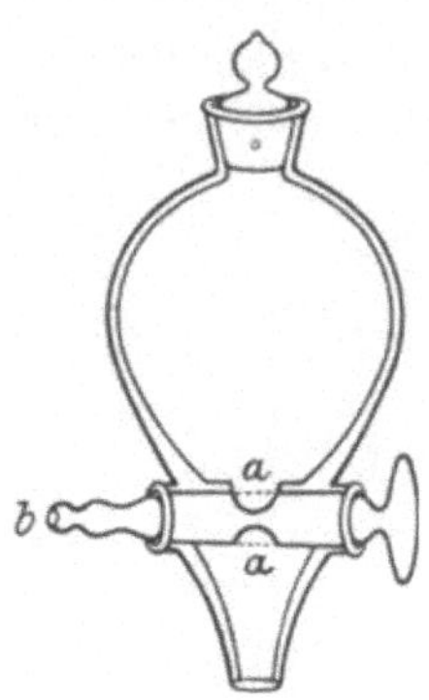

Fig. 33. Selbstmessender Ampullen-Füllapparat nach Dr. Hodes & Göbel.

Das nächste Bild (Fig. 35) zeigt ein ebenfalls von Telle konstruiertes und von der Glasinstrumentenfabrik Robert Goetze in den Handel gebrachtes Modell eines Ampullenfüllapparates mit zwei Zylindern. Seine Eigenart besteht darin, daß zunächst aus dem größeren Zylinder a von einer doppelt konzentrierten wässerigen Lösung die Hälfte der erforderlichen Menge, und dann aus dem kleineren Zylinder b das gleiche Quantum destilliertes Wasser zum Nachspülen abgefüllt wird. Dadurch soll vermieden werden, daß beim Zuschmelzen der Ampullen die im Innern der Kapillare hängen gebliebenen Teilchen gelöster organischer Substanz verkohlen und auf diese Weise den Ampulleninhalt verderben. Der Hahnkolben ist hier nur mit einem Meßgefäß ausgestattet, welches um die Hälfte kleiner ist und infolgedessen statt 1,1 nur 0,55 ccm Flüssigkeit zu fassen vermag. Es ist leicht einzusehen, daß man durch ent-

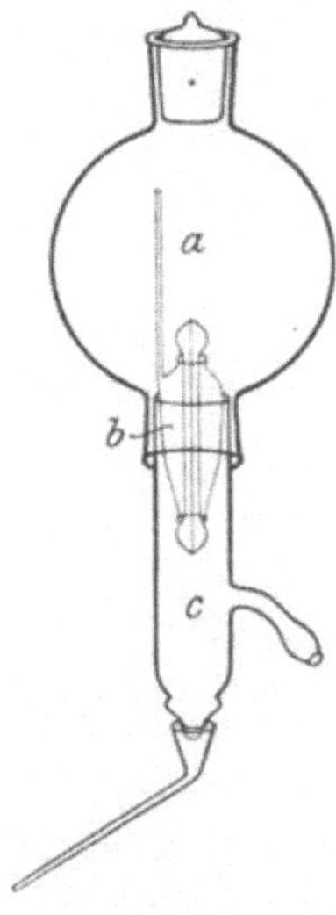

Fig. 34. Selbstmessender Ampullen-Füllapparat der Firma Dr. Hodes & Göbel.

sprechende Drehungen des Hahnkükens das Meßgefäßchen bald mit der in a gesammelten Lösung, bald mit sterilem, destillierten Wasser aus dem Zylinder b füllen und in die untergehaltene Ampulle abfließen lassen kann. An die Ausflußspitze können Pravaznadeln verschiedener Stärken angefügt werden. Dort ist auch eine bakteriologische Glocke vorgesehen, welche Schmutz und andere der Lösung schadende Einflüsse aus der Umgebung fernhält.

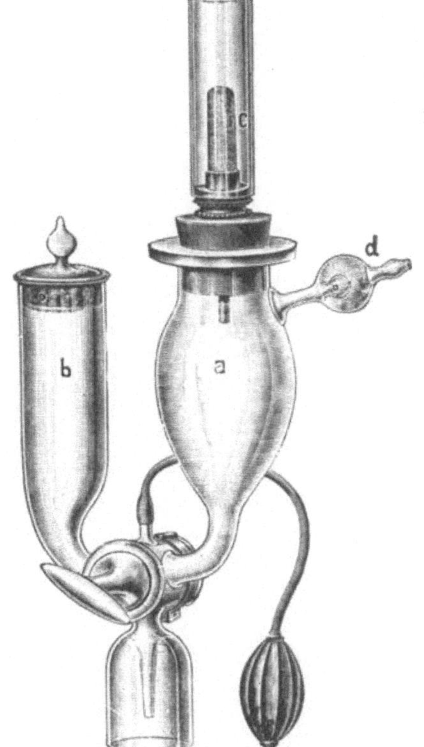

Fig. 35.
Ampullenfüllapparat nach Dr. Telle.

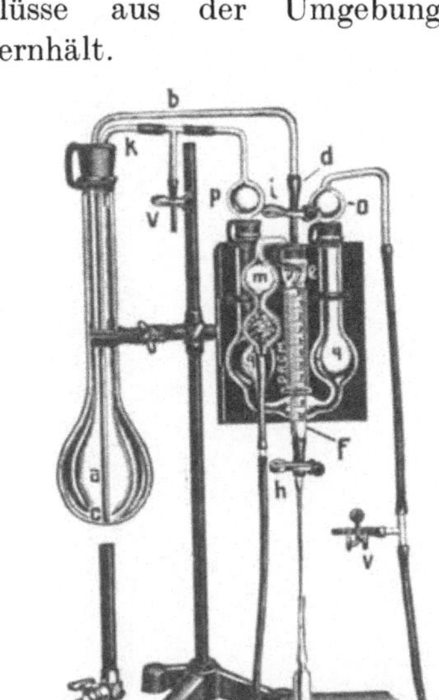

Fig. 36.
Universal-Ampullenfüllapparat nach Koppen.

Das nächste Bild (Fig. 36) veranschaulicht den Universal-Ampullenfüllapparat nach Koppen, wie er von der Apparatebauanstalt Warmbrunn, Quilitz & Co. in Berlin NW in den Handel gebracht wird. Er besitzt den großen Vorzug, daß die vorerst keimfrei gemachte Füllungsflüssigkeit bis zum Übertritt in die Ampulle mit der atmosphärischen Luft nicht wieder in Berührung kommt und daß er bei verhältnismäßig einfacher Handhabung ein Einfüllen auch der kleinsten Flüssigkeitsmengen bis auf $^1/_{10}$ ccm Genauigkeit gestattet. Außerdem ist er aus braunem

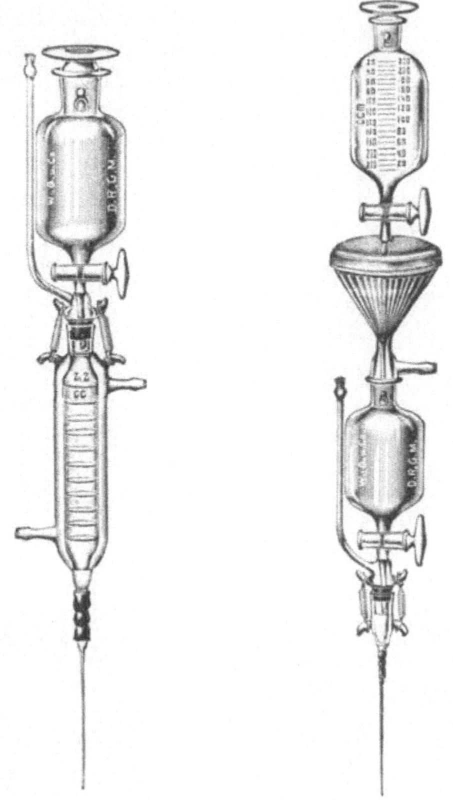

Fig. 37. Fig. 38.
Universal-Ampullen-Füllapparat nach Dr. W. Boltze.

Glas hergestellt, wodurch er auch zum Abfüllen lichtempfindlicher Lösungen wohl geeignet ist.

Seine Bestandteile sind der Vorrats- und Sterilisierkolben a, durch dessen zweifach durchbohrten Stopfen eine bis auf den Boden des Kolbens hinabreichende enge Glasröhre b mit einem angeschmolzenen Filter c führt, sowie ein ebenfalls rechtwinklig gebogenes kürzeres Rohr, welches mit einem starken Doppelgebläse l in Verbindung steht. Um die damit erzeugte Druckluft zu reinigen, schickt man sie durch eine Chlorcalciumröhre, deren unterer Teil mit Kaliumpermanganatlösung oder Schwefelsäure gefüllt ist. Über der Chlorcalciumröhre befinden sich auf beiden Seiten je eine Glaskugel o und p, welche mit Watte lose beschickt wird, um als Luftfilter zu dienen. Das Glasrohr b mündet in einen gut verschlossenen Meßzylinder und ist dabei an seinem Ende derart gebogen, daß die austretende Flüssigkeit gegen die Zylinderwand gespritzt wird. Auf diese Weise ist beim Abmessen das Auftreten von Luftblasen, welche das Ablesen erschweren würden, unmöglich. Am Ausflußende des Meßgefäßes ist mit einem kurzen Gummischlauch eine Pravaznadel angefügt.

Das Abfüllen mit Hilfe dieses Apparates erfolgt in der Weise, daß die vorher sterilisierte Flüssigkeit durch den Luftdruck des Doppelgebläses l durch Filter c unter Benutzung des Quetschhahnes i in der gewünschten Menge nach dem Meßzylinder F gedrückt wird. Alsdann öffnet man den Quetschhahn h und läßt die Lösung in die untergehaltene Ampulle fließen. Durch Betätigung des Gebläses n kann die Ablaufgeschwindigkeit bedeutend erhöht werden. Die zwei mit V bezeichneten T-Stücke haben den Zweck, den Luftdruck aus dem Apparat zu entfernen, wenn die Arbeit unterbrochen werden soll.

Von derselben Fabrik wird ein gleichfalls Universal-Ampullen-Füllapparat benanntes Modell nach den Angaben von Dr. W. Boltze[1]) angefertigt. Diese in Fig. 37 u. 38 wiedergegebene Einrichtung zeichnet sich vor dem zuletzt besprochenen Apparat dadurch aus, daß sie infolge der Abwesenheit von Gummiverbindungsstücken auch zur Abfüllung ätherischer, stark saurer oder alkalischer Flüssigkeiten verwendet werden kann. Ein anderer Vorzug ist der, daß Vorratsgefäß und Meßzylinder in einer Ebene untergebracht sind, wodurch nicht nur an Raum gespart, sondern auch eine größere Übersichtlichkeit erreicht wird.

Der zur Aufnahme der Füllungsflüssigkeit dienende Hauptteil ist ein zylindrisches Gefäß, dessen hohler Glasstopfen und Flaschenhals bei richtiger Stellung mit einem korrespondierenden Loch versehen sind. Dieses und das seitlich angeschmolzene Rohr enden

---

[1]) Pharm. Zentralh. 1913, S. 387.

in eine Dülle, die zur Aufnahme steriler Watte und nötigenfalls zum Anschluß an die Luftpumpe dient. Das Rohr läßt während des Abfüllens der Flüssigkeit in die Ampulle die filtrierte Luft durchströmen und verhindert ein Austreten der Flüssigkeit, wenn

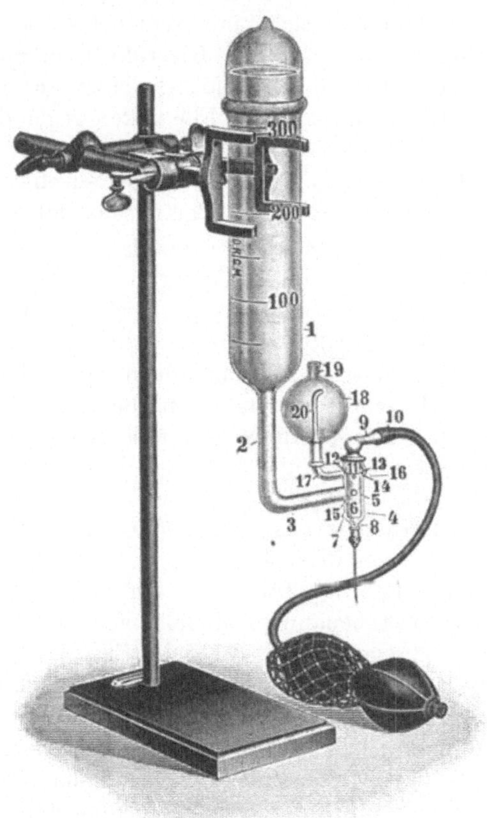

Fig. 39.
Ampullen-Füllapparat nach Dr. Keseling.

der untere Hahn aus Versehen offen gelassen worden ist. Der Behälter läuft in ein kugelig angeschwollenes Mundstück aus, das mit einem Gummiring umgeben und mit Hilfe zweier Metallfedern oder Gummibändchen in den Meßzylinder eingesetzt wird. Dieser ist mit Teilstrichen versehen, die rings um den Zylinder herumreichen, wodurch ein genaues und nicht ermüdendes Ablesen möglich ist. Die Abschnürung der Lösung geschieht hier nicht durch einen Quetschhahn, sondern durch eine Glasperle in bekannter Weise.

Sollen mit diesem Apparat Lösungen abgefüllt werden, die keine nachträgliche Sterilisation vertragen, so wird entsprechend der Fig. 38 ein Trichter eingeschaltet. Nachdem er vorher durch Abreiben mit Spiritus gut gesäubert worden ist, gibt man in denselben ein Filter von etwa 15 cm Durchmesser, schüttet das abgewogene Arzneimittel darauf, bedeckt mit einem Uhrglas und sterilisiert das Ganze im Heißlufttrockenschrank (siehe S. 16). Selbstverständlich kann man den zu lösenden Arzneistoff auch, in einem Wägegläschen oder zugeschmolzenen Röhrchen für sich erhitzt, später hinzugeben, nachdem der Trichter mit Filter im Wasserdampfstrom sterilisiert worden ist. Hat man auch die anderen Teile des Apparates durch trockenes Erhitzen oder Wasserdampf keimfrei gemacht, setzt man mit sauberen Händen den Apparat, wie Fig. 38 zeigt, zusammen, löst das Arzneimittel in der erforderlichen Menge redestilliertem Wasser, welches man allmählich aus dem darüber befindlichen Meßgefäß zutropfen läßt. Durch Absperren des seitlichen Ansatzrohres am Trichter und des Hahnes vom obersten Gefäß kann man das Lösungsmittel beliebig lang auf den zu lösenden Stoff einwirken lassen. Bemerkt sei, daß zum genauen Abmessen der Füllungsflüssigkeit auch hier der in Fig. 37 zur Anschauung gebrachte Meßzylinder zwischen Vorratsgefäß und Pravaznadel eingeschaltet werden kann.

Weiterhin sei ein für Laboratoriumszwecke recht gut brauchbarer Ampullenfüllapparat vor Augen geführt, welcher nach den Angaben von Dr. Keseling von der Apparatbauanstalt Wachenfeld & Schwarzschild in Kassel gebaut wird. Wie aus Fig. 39 ersichtlich ist, besteht er im wesentlichen aus dem Glasbehälter 1, welcher als Vorratsgefäß für die Füllungsflüssigkeit dient und mit einer überzustülpenden Glasglocke gegen das Eindringen von Staub und anderen Fremdstoffen geschlossen werden kann. Mit diesem Behälter steht durch ein Knierohr ein besonders gearteter Abfüllhahn in Verbindung. Der Kolben 6 ist hohl und faßt in der Regel genau 1,1 ccm Flüssigkeit. Auch der Hahngriff 9 ist durchbohrt und steht mit einem Handgebläse in Verbindung.

Die Arbeitsweise dieses scheinbar komplizierten Apparates ist die denkbar einfachste. Zur Füllung des Kolbenmeßgefäßes dreht man den Hahn um 90°. Darauf wird die Ampulle untergehalten, der Hahn in seine frühere Stellung wieder zurückgebracht und die Flüssigkeit durch einen gelinden Druck auf das Gebläse in die Ampulle geschickt. Man dreht dann den Hahn wieder

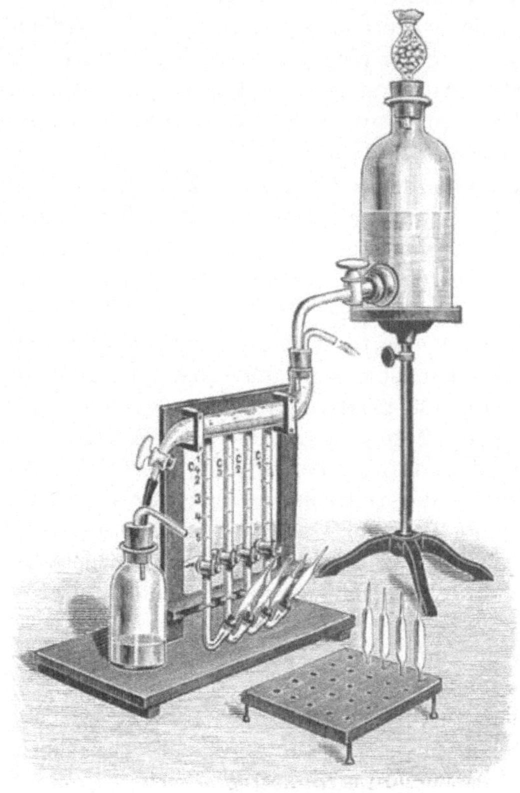

Fig. 40.
Ramplisso-Doseur nach J. Paillard.

um 90° und wiederholt diese Arbeit beliebig oft. Bei einiger Übung geht das Abfüllen mit diesem Apparat außerordentlich rasch von statten. Innerhalb einer Stunde sollen etwa 250—300 kleine Ampullen gefüllt werden können.

Die seitlich vom Hahn noch angebrachte Glaskugel hat den Zweck, sowohl die in dem Hohlraum des Hahnkolbens befindliche

Luft, als auch etwa mitgerissene, kleine Flüssigkeitsmengen aufzunehmen. Dabei wird der Weg über 16, 11 und 17 zurückgelegt. Die Glaskugel ist abnehmbar, so daß ihr Inhalt von Zeit zu Zeit in den Glasbehälter 1 zurückgegeben werden kann.

Eine andere Konstruktion zeigt Fig. 40. Hier ruht der zu Aufnahme der Füllungsflüssigkeit bestimmte Behälter in Gestalt einer Flasche auf einem Dreifußgestell. Durch ein Knierohr steht die Flasche mit einem S-förmigen Gefäß in Verbindung, welches seinerseits mit vier 5 Kubikzentimeter-Glashahnbüretten mit 1 ccm-Teilung verbunden und in ein Holzgestell eingebaut ist. Die unteren, spitzwinkelig abgebogenen, etwas erweiterten Enden der Büretten sind mit durchbohrten Gummistopfen verschlossen, in welche die beiderseits offenen Ampullen zum Zwecke der Füllung hineingesteckt werden.

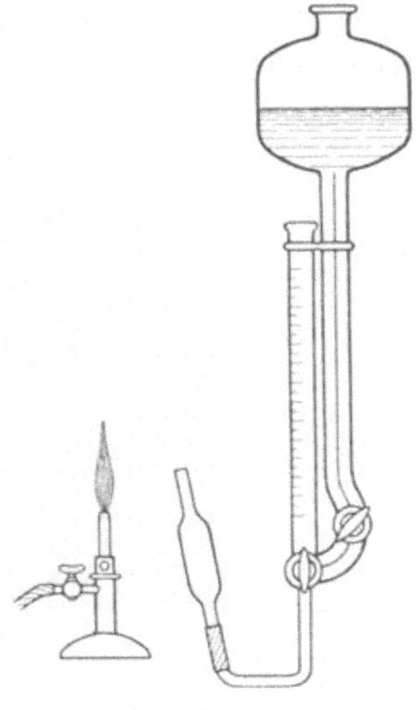

Fig. 41.
Ampullen-Füllapparat nach Murat und Lacoste.

Die Arbeitsweise dieses in Frankreich unter dem Namen J. Paillardscher Ramplisso-Doseur[1]) viel gebrauchten Apparates gestaltet sich so, daß man bei geeigneter Hahnstellung die nötige Flüssigkeitsmenge nacheinander in das S-förmige Gefäß, das Bürettensystem und die aufgesetzten Ampullen fließen läßt.

Wenn auch Kollo[2]) den eben beschriebenen Apparat als gut brauchbar bezeichnet und bei achtstündiger Arbeitszeit die tägliche Leistung mit 2000 Ampullen beziffert, so hat er doch den großen Nachteil, daß man zur Füllung nur beiderseits zugespitzte Ampullen benutzen kann, von denen das eine Ende sofort nach der Füllung in der weiter unten angegebenen Art geschlossen werden muß, um sie in das Steckbrett (s. Fig. 22) einsetzen zu können. Ferner ist es schwer möglich, eine vollkommen einwandfreie Sterilisation dieses Apparates durchzuführen.

[1]) Hersteller: E. Adnet, Paris 26, rue Vauquelin, zu beziehen durch E. Koellner, Jena.

[2]) Pharm. Zentralh. 1909, Nr. 51.

In neuester Zeit ist durch die Veröffentlichung von Murat und Lacoste[1]) das in Fig. 41 wiedergegebene Ampullenfüllgerät bekannt geworden. Es entspricht im wesentlichen dem zuletzt erwähnten Paillardschen Ramplisso-Doseur mit dem Unterschied, daß hier nur eine Ausflußgelegenheit vorhanden ist und daß das Vorratsgefäß und die Abfüllbürette in eine Ebene projiziert worden sind.

Bezüglich der Arbeitsweise und der Brauchbarkeit dieses ebenfalls französischen Abfüllgerätes ist dem zuletzt hierüber Gesagten nichts hinzuzufügen.

Da wir hierzulande, wie aus den nachfolgenden Ausführungen noch deutlicher hervorgehen soll, über eine ziemlich große Zahl

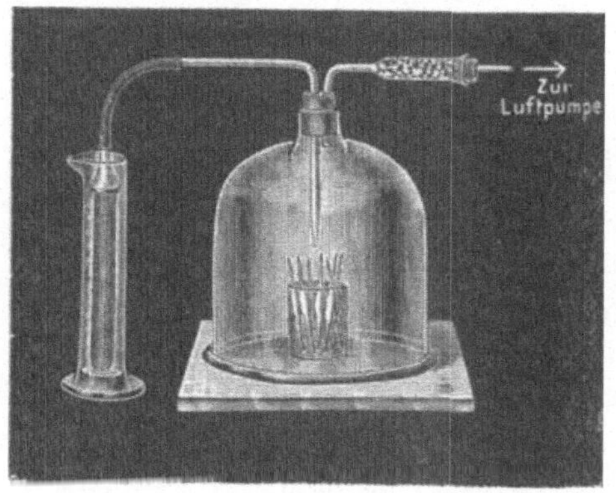

Fig. 42.
Ampullen-Füll- und Reinigungsapparat nach Adnet.

mindestens ebenso, ja viel mehr leistungsfähige Ampullenfüllapparate verfügen, ist es wohl am Platze, bei der Wahl eines solchen Apparates einem rein deutschen Erzeugnis den Vorzug zu geben.

Eine besondere **Klasse von Ampullenfüllapparaten** bilden diejenigen, **deren Wirkung auf der Evakuation einzelner Gefäßräume beruht.**

Die einfachste Zusammenstellung dieser Art ist die folgende[2]): Mehrere durch ein herumgelegtes Gummiband zu einem Bündel

[1]) Journ. de Pharm. et Chim. 1915, Nr. 1, Serie 7, Bd. 12: ref. i. d. Pharm. Zentralh. 56, 1915, S. 772.

[2]) Vgl. Stich und Wulff, Bakteriologie und Sterilisation im Apothekenbetriebe S. 215.

zusammengehaltene vorher sterilisierte Ampullen bringt man samt dem Becherglas, in welchem sie sich befinden, in einen tubulierten Exsikkator oder unter eine auf eine Glasplatte aufgeschliffene Vakuumexsikkatorglocke mit seitlichem oder oberen Tubus. Hat man in das Becherglas die abzufüllende Flüssigkeit gegossen und es wird dann mit Hilfe einer Wasserstrahlluftpumpe evakuiert und, wenn keine Luftbläschen mehr aus den Ampullen durch die Flüssigkeit austreten, wieder Luft in die Glocke gelassen, so füllen sich die Gläschen schnell.

Wichtig ist bei dieser Arbeitsweise, daß eine genügend starke Glasplatte oder eine solche mit Drahteinlage gewählt wird, da andernfalls die Platte durch den Druck platzen kann. Dieselbe Gefahr besteht, wenn ein ungeeignetes oder eine ungenügende Menge von dem Schmiermittel zwischen die Glocke und Glasplatte gebracht wird. Richter[1]) empfiehlt Sebum zu nehmen. Vaselin kommt nicht in Betracht, besonders nicht im Sommer, wo es leicht weich wird. Die Glocke ist unter Hin- und Herschieben auf der an dem Berührungsring dick eingefetteten Glasplatte möglichst fest aufzudrücken. Das Einschalten eines Sicherheitsventils zwischen Wasserstrahlluftpumpe und Vakuumglocke ist ebenfalls angezeigt, weil dann kein Wasser in die Glasglocke eindringen kann.

Fig. 42 veranschaulicht den Adnet'schen Ampullenfüll- und Reinigungsapparat. Er unterscheidet sich von dem eben beschriebenen, leicht selbst zusammensetzbaren Apparat dadurch, daß die einzufüllende Lösung durch die Saugwirkung der Wasserstrahlluftpumpe erst noch einmal filtriert wird, ehe sie in das die Ampullen enthaltende Becherglas gelangt. Apparate dieser Art können u. a. von der Glastechnischen Anstalt von Erich Koellner in Jena bezogen werden.

Es sei noch bemerkt, daß bei dem Gebrauch der Adnetschen Apparatur natürlich für jede Lösung eine besondere Filterkerze zu benutzen ist, welche nach dem Gebrauch mit peinlichster Sorgfalt zuerst in reinem und dann in sterilem, destillierten Wasser gereinigt werden muß. Desgleichen ist das Sterilisieren sowohl der

[1]) Schweiz. Apoth.-Ztg. 1915, Nr. 46.

Kerzen, als auch der kleineren Glasteile von unbedingter Notwendigkeit. Die Innenfläche des Rezipienten, die Glasplatte und die gebogenen Glasröhren macht man durch Waschen mit einer 2%igen Formaldehydlösung und anschließendes Trocknen mit steriler Verbandwatte keimfrei.

Auch der in Fig. 43 wiedergegebene Ampullenfüllapparat der Firma Auer & Cie. in Zürich gehört hierher. Er ist dem von Spindlerschen Modell[1]) nachgebildet. Durch den doppeltdurchbohrten Gummistopfen der starkwandigen Glasglocke führt sowohl eine rechtwinkelig gebogene, mit Watte auszustopfende Röhre für die Wasserstrahlluftpumpe, als auch ein Glasfilterrohr, in welches durch eine Gummikappe abgedichtet, ein Bakterienfilter hineingehängt ist. Zur Aufnahme der Ampullen dient eine Einsatzplatte aus Porzellan. Die Wirkungsweise dieses Apparates erklärt sich aus dem früher Gesagten.

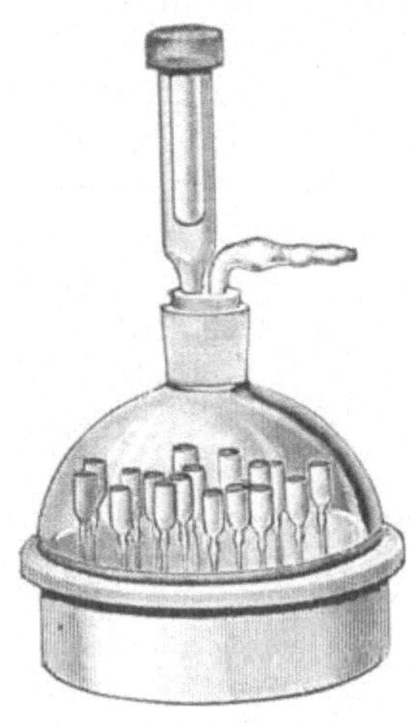

Fig. 43.
Ampullen-Füllapparat nach von Spindler.

Für das gleichzeitige Abfüllen von 100—200 Ampullen unter dem Rezipienten liefert die Firma Dr. Hermann Rohrbeck in Berlin NW 6 ein äußerst praktisches Ampullengestell (siehe Fig. 44). Es besteht aus zwei zahlreich durchlöcherten, in verschiedener Entfernung gegeneinander verstellbaren Metallplatten c und b, deren Lochungen genau übereinander angeordnet sind. Das Untergestell d mit der die Lösung aufzunehmenden Glasschale g hat drei gleichzeitig als Füße dienende Rohrstutzen h mit den Schrauben f. Die Ampullen werden, wie aus der Abbildung ersichtlich, in das mittlere Gestell eingesetzt und dieses mit seinen drei Füßen soweit in die Rohrstutzen h gebracht, bis die Spitzen der Ampullen den Schalenboden berühren. Die Platte a legt man dann lose auf die Ampullenböden und befestigt sie mit der Schraube am Metallstab der Platte b. In dieser Aufmachung werden die Ampullen im Dampf oder durch heiße Luft sterilisiert und dann,

[1]) Zentralbl. f. Pharm. u. Chem. 1909, Nr. 33 u. 34.

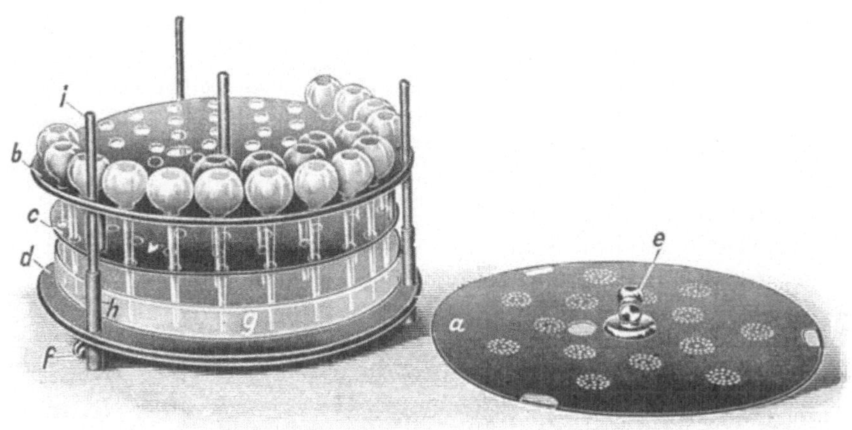

Fig. 44.
Ampullengestell zum gleichzeitigen Abfüllen größerer Ampullenmengen. (D. R. G. M.)

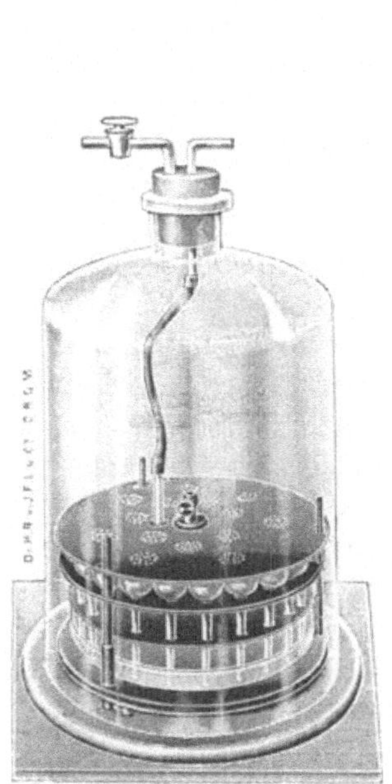

Fig. 45.
Ampullen-Füllapparat nach Dr. H. Rohrbeck.

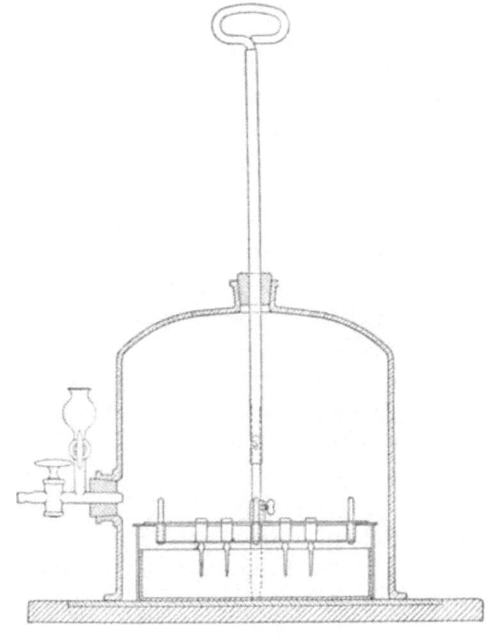

Fig. 46.
Ampullen-Massenfüllapparat nach Dr. W. Boltze.

wie Fig. 45 zeigt, unter dem Rezipienten der auf S. 51 beschriebenen Behandlung unterworfen.

Eine Modifikation des Dr. Rohrbeckschen Füllsystems ist der von Dr. W. Boltze[1]) in Berlin SO 26 konstruierte Ampullenmassenfüllapparat in Fig. 46. Hier ist das fast analog gebaute Einsatzgestell durch einen Halter ausgezeichnet, der sich durch Bajonettverschluß an eine durch den oberen Gummistopfen des Rezipienten geführte Stange mit Griff befestigen läßt. Diese hat den Zweck, die Kapillarenden der Ampullen nach erfolgter Füllung durch Hebung des Gestells etwas über das Flüssigkeitsniveau zu heben, um mit Hilfe der noch einströmenden Luft die Flüssigkeit aus den Ampullenhälsen zu vertreiben.

Auf die anderen Einzelheiten der Handhabung dieses Apparates braucht nach dem, was schon über die Wirkungsweise des Dr. Rohrbeckschen Apparates dieser Art gesagt wurde, nicht näher eingegangen zu werden.

An dieser Stelle sei auch auf die von E. Lütt[2]) vorgeschlagene Arbeitsweise hingewiesen. Er benutzt die Idee des Umkippens der Ampullen ohne Anwendung eines besonderen Gestells, indem er die Ampullen so dicht als möglich in eine der zwei erforderlichen Kristallisierschalen aufrecht einstellt, die andere Schale darüberstülpt, hierauf beide umkippt, sie zwischen den Fingern haltend, und nun in die jezt zu unterst gekommene Schale, in welcher die Ampullen mit nach unten gerichteter Spitze stehen, die sterile Füllungsflüssigkeit einträgt, wobei ein schräg eingesteckter kleiner Trichter gut zu verwenden ist.

Wenn ziemlich viele Ampullen, sagen wir 150—200 Stück, in der von Lütt angegebenen Weise gefüllt werden sollen, ist oft ein Umfallen durch Anstoßen, so lange die Schale noch nicht voll ist, störend. E. Richter[3]) rät, in solchen Fällen mehrere Papierringe, Höhe 2 cm, zu kleben, deren Durchmesser absteigend um je 24 mm kleiner ist als die Schale. Stellt man diese Ringe in die Schale, so hat man die Ampullen jetzt in lauter Rillen von 12 mm Weite zu stellen und die Ampullen fallen nicht mehr so leicht um. Zum Schluß werden die Papierringe mit der Pinzette herausgezogen. Die Ringe können für das nächstmalige Einstellen aufbewahrt werden.

---

[1]) Pharm.-Ztg. 1914, Nr. 50, S. 501.

[2]) Schweiz. Apoth.-Ztg. 1914, Nr. 99.

[3]) Schweiz. Apoth.-Ztg. 1915, S. 50.

Faßt eine solche Kristallisierschale mehr Ampullen, als abgefüllt werden sollen, so werden zur Ausfüllung des Leerraumes entsprechend viel leere zugeschmolzene Ampullen eingestellt.

In dem nächsten Bild (Fig. 47) wird eine recht hübsche Anordnung eines auf dem Evakuationsprinzip beruhenden Ampullenfüllapparates gezeigt, wie sie nach den Angaben von Dr. Hoger von der Glasinstrumentenfabrik Franz Hugershoff in Leipzig gewählt wird. Der Apparat besteht aus dem Trichter A, der unten durch Hahn c verschlossen werden kann, und der daraufsitzenden Glocke B, welche dem Trichter aufgeschliffen ist. Werden die Berührungsflächen noch mit Fett, z. B. Sebum bestrichen, so ist ein hermetischer Abschluß gewährleistet. In der oberen Öffnung der Glocke B sitzt ein doppelt durchbohrter Gummistopfen g mit dem Scheidetrichter C und Winkelrohr d. Das Trichterrohr e führt durch den Gummistopfen der Saugflasche. Der im Trichter A sitzende Glaskorb F dient zur Aufnahme der Ampullen.

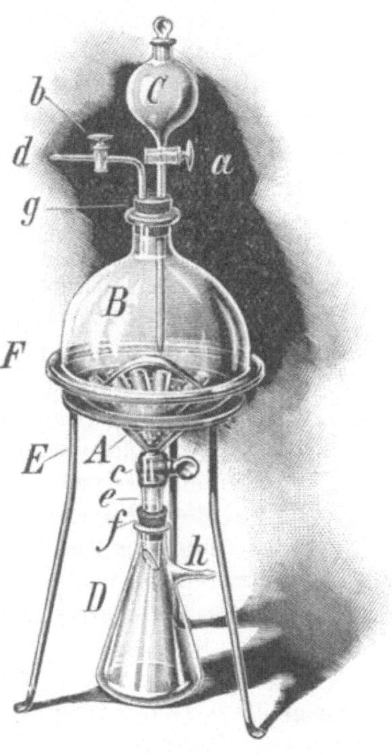

Fig. 47.
Ampullen-Füllapparat nach Dr. Hoger. (D. R. G. M.)

Diese werden in der Weise gefüllt, daß man zunächst die sterilisierte Ampullenflüssigkeit aus dem Scheidetrichter in den Rezipienten fließen läßt, nachdem man den Hahn c verschlossen hat, dann den Hahn a schließt und mit Hilfe der Wasserstrahlluftpumpe bei d die Luft absaugt. Nach etwa drei Minuten wird die Luftpumpe abgestellt. Läßt man jetzt noch durch den Hahn b Luft eintreten, so füllen sich die Ampullen.

Eine Einrichtung von ganz besonderer Leistungsfähigkeit im Abfüllen von Ampullen ist der schon bei der Reinigung und Sterilisation der leeren Ampullen beschriebene Jenaer Universalapparat von Erich Koellner in Jena (vgl. Fig. 24). Wir haben bereits seine Arbeitsweise bis zur Sterilisation der leeren Ampullen kennen gelernt. Zum Zwecke der Füllung brauchen die einzelnen Ampullen dann gar nicht erst wieder aus dem Apparat genommen zu werden, was für Lösungen, die eine nachherige Sterilisation nicht vertragen, von höchster Bedeutung ist.

Man schickt die abzufüllende Lösung durch das auf dem Deckel aufsitzende, durch einen Hahn absperrbare Glastrichterrohr mit Filterkerzenvorrichtung nach dem Boden der die Ampullen enthaltenden Glasschale. Da der Einfüllzylinder graduiert ist, läßt sich leicht feststellen, ob eine zur Füllung hinreichende Menge der Lösung in die Glasschale gelangt ist. Hat man sich davon überzeugt, und der Zeiger des Vakuummeters deckt sich mit der rot gezeichneten Marke der Skala, so wird durch eine einfache Drehung des Dreiwegehahns infolge der dadurch plötzlich eintretenden atmosphärischen Luft die Füllung von etwa 300 Ampullen innerhalb einer Sekunde bewirkt.

Damit sich alle Ampullen mit der gewünschten Flüssigkeitsmenge füllen, muß der Grad der Evakuation genau ausprobiert worden sein. Andererseits müssen die Ampullen einen gleich großen Rauminhalt besitzen.

Sollen mit dem Universalapparat Lösungen abgefüllt werden, die nach der Abfüllung eine Sterilisation vertragen, so kann man sich das Filtrieren durch die Filterkerze schenken. Man bedient sich dann eines heberartig gebogenen Füllrohres, dessen einer Schenkel bis auf den Boden der im Apparat stehenden Schale reicht, während der andere längere Schenkel in ein mit der sterilen Lösung gefülltes Gefäß taucht. Am Heberrohr ist ein Hahn angeschmolzen. Wird dieser geöffnet und die Wasserstrahlluftpumpe befindet sich in Tätigkeit, so tritt die Flüssigkeit aus dem Vorratsgefäß in die Glasschale und die Ampullen füllen sich automatisch, sobald man, wie oben beschrieben, durch eine Drehung des Dreiwegehahnes atmosphärische Luft in den Apparat gelangen läßt.

Für die Füllung mit leichtflüchtigen Substanzen, wie Chloräthyl, Chloroform, Bromäther u. ä. ist der Apparat noch mit einem für die Aufnahme von Eis bestimmten Außenmantel umgeben.

In Ansehung der vielseitigen Verwendungsmöglichkeit des Jenaer Universal-Apparates muß zugegeben werden, daß er seinem Namen alle Ehre macht. Er reinigt, sterilisiert und füllt die Ampullen in recht zweckmäßiger Weise und genießt dabei noch den besonderen Vorzug, daß seine Bedienung auch durch ungeschultes Personal, wie Mädchen o. ä. erfolgen kann. Bei achtstündiger Arbeitszeit soll ein einigermaßen geschickter Arbeiter über 5000 Ampullen von 1,2—1,5 ccm Inhalt reinigen, sterilisieren, füllen und zuschmelzen können, gewiß eine recht ansehnliche Leistung. Ein nicht zu unterschätzender Faktor ist hier auch noch der Umstand, daß die Lösung nicht mit Metall oder Gummi, sondern ausschließlich mit sterilem Glas in Berührung kommt und daß auch die Ampullen selbst nach ihrer Sterilisation bis zur erfolgten Füllung mit der Außenluft nicht wieder zusammentreffen.

Wenn es sich darum handelt, Aufschwemmungen von Kalomel und ähnlichen Stoffen in eine größere Anzahl Ampullen abzufüllen,

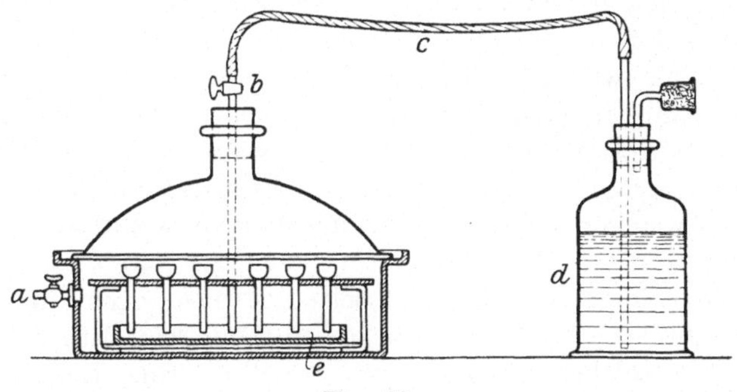

Fig. 48.
Ampullen-Füllapparat für Aufschwemmungen nach Dr. H. Rohrbeck.

so kann man mit gutem Erfolg den in Fig. 48 abgebildeten Apparat der Firma Dr. Hermann Rohrbeck in Berlin NW 6 benutzen. Er setzt sich zusammen aus einem zweiteiligen Rezipienten, dem auf S. 53 besprochenen Ampullengestell und einer die Aufschwemmung enthaltenden Flasche d, welche durch Glasröhren und den Schlauch c derart mit dem Rezipienten verbunden ist, daß die Flüssigkeit in die Glasschale des Ampullengestells hinübergesaugt werden kann.

Die Arbeitsweise gestaltet sich so, daß nach Schließung des Hahnes b zunächst von a aus evakuiert wird. Hierauf schließt man Hahn a, schüttelt die Aufschwemmnug im Vorratsgefäß kräftig durch und öffnet dann möglichst schnell den Hahn b. Ist genügend Flüssigkeit in die Schale des Rezipienten gesaugt worden, wird Hahn b wieder geschlossen und Hahn a geöffnet. Durch die eintretende atmosphärische Luft füllen sich die Ampullen sehr rasch.

Bei einiger Übung geht dieses Füllverfahren schnell genug von statten, um die Aufschwemmungsflüssigkeit gleichmäßig in die Ampullen zu bekommen.

Wird diesem Rohrbeckschen Apparat statt der Vorratsflasche ein Zylinder mit Filterkerze ähnlich der Fig. 42 vorgeschaltet, so können auch alle anderen Ampullenflüssigkeiten damit abgefüllt werden.

Es ist erwiesen, daß die auf dem Prinzip der Evakuation beruhenden Ampullenfüllverfahren in der pharmazeutischen Großindustrie gern und am meisten benutzt werden. Und doch kann man streng genommen keines von ihnen als einwandfrei bezeichnen, nicht nur, weil die abgefüllte Flüssigkeitsmenge oft nicht genau stimmt, oder weil zuweilen nicht ökonomisch genug gearbeitet werden kann, sondern auch, weil leichtflüchtige Flüssigkeiten, wie Amylium nitrosum, ätherhaltige Flüssigkeiten, Chloroform o. ä., durch die saugende Wirkung der Wasserstrahlluftpumpe eine mehr oder weniger starke Verdunstung erleiden, womit naturgemäß eine Konzentration der Lösung verbunden sein muß.

Diesen zuletzt erwähnten Übelstand zeigen nicht diejenigen Apparate, welche die Ampullen durch Druckwirkung füllen. Herstellerin solcher Einrichtungen ist die Firma Lequeux in Paris 64, rue Gay-Lussac.

Schließen der Ampullen.

Bevor das Zuschmelzen der Ampullen geschehen kann, soll man sich bei jeder einzelnen Ampulle überzeugt haben, daß in der Kapillare nichts von der Füllungsflüssigkeit hängen geblieben ist.

Hat man eine Ampulle gefunden, wo dies der Fall ist, so kann der Tropfen mit Hilfe einer feinen zugestutzten Feder mit oder ohne Verwendung von destilliertem Wasser herausgeholt werden.

Übersieht man das Auswischen der Kapillare und es sind in der Flüssigkeit mehrere Zentigramm einer organischen Substanz, z. B. Ferrum ammon. citric., coff. natr. benzoic. u. a., gelöst enthalten, so verkohlt der betreffende Tropfen beim Zuschmelzen und der Ampullenhals läuft schwarz an. Dadurch wird aber die Ampulle unansehnlich und sobald Flüssigkeit beim Schütteln in die Kapillare gelangt, wird diese den kohligen Rückstand ablösen und sich braun färben, d. h. die Lösung wird verderben.

Vor dem Zuschmelzen ist noch eine weitere Forderung zu erfüllen.

Damit die Ampullen beim Sterilisieren nach dem Schließen nicht etwa platzen, müssen sie kurz vor dem Zuschmelzen noch einmal auf die Sterilisationstemperatur gebracht werden.

Wird diese Vorsicht nicht beachtet, können ganz erhebliche Materialverluste die Folge sein. Je widerstandsfähiger natürlich das Glas ist, desto weniger der nicht vorgewärmten Ampullen werden zugrunde gehen.

Fig. 49. Spirituslampe mit Lötrohrflamme.

Parlo[1]) rät, die Ampullen offen zu sterilisieren. Dadurch würde sich das Vorwärmen auf die Sterilisationstemperatur erübrigen. Ich teile aber Greiners Ansicht und halte, wie dieser, das Parlossche Verfahren für nicht einwandfrei, weil beim Erkalten Kondenswasser in die Ampulle eindringen und die Lösung verdünnen kann. Sind die Ampullen einmal zugeschmolzen, ist das nicht mehr möglich. Außerdem ist ja die Arbeit des Vorwärmens nicht erheblich zu nennen.

Das Schließen der Ampullen geschieht am leichtesten in der Lötrohrflamme. Hat man nur eine geringe Anzahl von Ampullen in Arbeit, so eignet sich die in Fig. 49 wiedergegebene Spirituslampe [2]) vorzüglich. Im Großbetrieb benutzt man gern einen mit der Gas- und Wasserleitung verbundenen Gebläseapparat, wie er in den chemischen Laboratorien häufig angetroffen wird.

Ist keine Stichflamme zur Hand, so gelingt das Zuschmelzen der Ampullen auch mit Hilfe des Bunsenbrenners, besonders wenn man ihm noch einen quergestellten Flachbrenner aufgesetzt hat.

---

[1]) Pharm.-Ztg. 1908, Nr. 47.

[2]) Bezugsquelle: Frid. Greiner, Neuhaus.

Das Zuschmelzen wird in der Weise vorgenommen, daß man im Sitzen die Öffnung der Ampulle an den äußersten Rand der Flamme bringt und dabei die Ampulle bald nach vor-, bald nach rückwärts dreht. Man hüte sich, sie zu lange oder zu tief in die Flamme zu halten, da sonst eine leicht zerbrechliche Glaskugel statt einer festen Kuppe entsteht. Desgleichen halte man die Ampulle stets schräg aufwärts, nicht etwa horizontal, damit keine Flüssigkeit auf das glühende Glas kommt und Explosionen vermieden werden.

Zuweilen wird auch so verfahren, daß man mit der linken Hand die vorgewärmte Ampulle an den Rand der Flamme bringt, während die rechte Hand mit einer Pinzette die Ampullenspitze hält und, sobald sie glüht, zudrückt.

Schließlich wird die Kuppe in der Flamme noch gerundet.

Eine dritte, von E. Richter[1]) empfohlene Art des Zuschmelzens besteht darin, daß man die Kapillare etwa 2 mm unterhalb der Spitze im Brenner zusammenschmelzen läßt, dann mit der linken Hand die Ampulle etwas aus der Flamme zurückzieht und so bewirkt, daß der Glasfaden abschmilzt. Zum Schluß wird auch hier die Kuppe in der Flamme gerundet.

Äther, Amylnitrit oder ähnliche Flüssigkeiten enthaltende Ampullen verschließt man, indem man ihre offene Spitze durch eine durchlochte Asbestplatte steckt und die Stichflamme gegen die verschiedenen Spitzen schickt.

Auf diese Weise wird jedwede Verflüchtigung und Entzündung des Inhalts vermieden.

Welches der genannten Verfahren man auch einschlagen will, immer muß das Zuschmelzen möglichst schnell geschehen, damit der Ampulleninhalt vor einer unfreiwilligen Beschmutzung oder Infektion durch die Umgebung geschützt wird.

Nach dem Zuschmelzen der Ampullen ist es notwendig, sich davon zu überzeugen, daß der Verschluß auch luftdicht ist.

---

[1]) Schweiz. Apoth.-Ztg. 1915, Nr. 46.

Dafür hat Beysen[1]) eine treffliche Methode herausgefunden, die jetzt allgemein benutzt wird. Man kocht die Ampullen in heißem Wasser, welches mit Methylviolett oder einem anderen Anilinfarbstoff gefärbt worden ist. Das vollständige Untertauchen der Ampullen wird wieder durch das Darüberdecken einer Siebplatte bewirkt. Nach dem Abstellen der Wärmequelle werden undichte Ampullen daran erkannt, daß ihr Inhalt gefärbt erscheint. Mit Hilfe dieser Prüfung ist man in der Lage, Ampullen, die vor der Füllung vollständig intakt gehalten wurden, als schadhaft zu erkennen und auszuscheiden. Meist besitzen sie einen Sprung am Boden des Gefäßes oder auch oben am zugeschmolzenen Ende.

Wollte man solche Schäden unberücksichtigt lassen und auf die Dichtigkeitsprüfung ganz verzichten, so würde der Ampulleninhalt bei nicht intakten Gefäßen mit der Zeit auslaufen oder durch hinzutretende Luft sich zersetzen.

Ein anderes Prüfungsverfahren auf Dichtigkeit der Ampullen ist in neuerer Zeit durch Prof. Dr. Thoms[2]) bekannt gegeben worden. Hiernach wird die zu prüfende Ampulle mittels einer Drahtschlinge auf den Boden einer mit Wasser zur Hälfte gefüllten Saugflasche gebracht, letztere verkorkt und alsdann mittels einer Wasserstrahlluftpumpe oder einer Handpumpe die Luft verdünnt. Die geringsten Undichtigkeiten machen sich hierbei durch Entweichen von Gasperlen aus der Ampulle bemerkbar.

Sterilisieren der fertigen Ampullen.

Nicht alle fertigen Ampullen erfordern eine Sterilisation. Sie erübrigt sich z. B. bei Ampullen, welche Lösungen enthalten, die kein Erhitzen auf höhere Temperaturen vertragen, oder die, wie Äther u. a., von vornherein als keimfrei anzusehen sind.

In allen anderen Fällen ist das Sterilisieren durch Erhitzen im Dampf über 100° C, bzw. durch fraktioniertes Sterilisieren oder Tyndallisieren bei niedrigeren Temperaturen (gewöhnlich 60° bis 85°) eine halbe Stunde lang an drei aufeinanderfolgenden Tagen unerläßlich. Die Wahl des geeigneten Sterilisierverfahrens richtet sich nach dem Grade der Widerstandsfähigkeit der jeweiligen Füllungsflüssigkeit gegenüber höheren Temperaturen.

---

[1]) Pharm. Ztg. 1908, Nr. 87.

[2]) Apoth.-Ztg. 1914, S. 292.

Das gebräuchlichste Sterilisierverfahren für gefüllte Ampullen ist dasjenige mit ungespanntem Wasserdampf, welcher nach einhalb- bis einstündiger Einwirkung Keimfreiheit erzielt.

Handelt es sich nur um eine geringe Anzahl von Ampullen, so kann man sich der Sterilisierbüchse bedienen, welche in Verbindung mit dem in jeder Apotheke vorhandenen Dampfinfundierapparat zur Wirkung gebracht wird. Sie besteht aus einem Sterilisierzylinder von Kupfer, welcher seitlich durchlocht, innen verzinnt und, wie die Infundierbüchsen, mit Messingverschlußring versehen ist.

Fig. 50.
Universal-Sterilisierbüchse nach Wachsmann.

Eine sogenannte Universal-Sterilisierbüchse wird von der Apparatebauanstalt Warmbrunn, Quilitz & Co., Berlin NW, nach den Angaben von Apotheker Wachsmann aus starkem Aluminium hergestellt. Wie Fig. 50 zeigt, ist auch hier der untere Teil des Gefäßes durchlöchert, um dem Dampf den Eintritt in den Innenraum zu ermöglichen. Zur Aufnahme der zu sterilisierenden Ampullen dient ein Drahtkorb. In den Deckel der Sterilisierbüchse ist ein Thermometer eingefügt, so daß bei richtig regulierter Flamme mit diesem Sterilisiergerät auch fraktionierte Sterilisationen vorgenommen werden können.

Ebensogut läßt sich jede Destillierblase eines beliebigen Dampfapparates zum Sterilisieren fertiger Ampullen verwenden.

Eine bevorzugte Rolle unter den Apparaten zur Sterilisation größerer Ampullenmengen spielt der Sterilisierapparat nach Prof. Dr. Koch, wie er u. a. von den Firmen Dr. Herm. Rohrbeck Nachf. in Berlin NW 6 und Fridolin Greiner in Neuhaus am Rennweg bezogen werden kann. Er ist aus Kupfer oder verbleitem Stahlblech gebaut und besteht aus einem Wasserkessel mit Wasserstandsrohr, welcher durch ein durchlochtes Blech von dem darüber befindlichen Zylinder getrennt ist. In den Zylinder bringt man einen Metallkorb, in welchen die Ampullen, wie Fig. 51 veranschaulicht, eingesetzt sind. Hierauf verschließt man den Dampfsterilisator oben durch einen in ein Rohr auslaufenden, helmartigen Deckel. Erhitzt man nun das Wasser mit Hilfe der von einem Flammenschutzmantel umgebenen Gasflamme zum Sieden, so durchströmen den Apparat Dämpfe von 100° C, welche die Sterilisation der Ampullen bewirken.

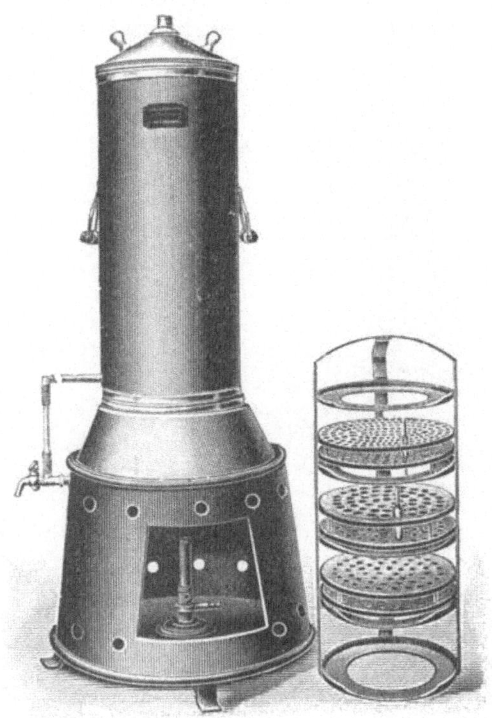

Fig. 51.
Sterilisierapparat nach Prof. Dr. Koch.

Die nächste Figur (Fig. 52) zeigt uns einen Sterilisationsapparat der Firma Wachenfeld & Schwarzschild in Kassel. Er ist ähnlich einem Infundierapparat aus bestem Kupfer gebaut und kann vier Einsätze, die etagenweise auf einem Eisenstab übereinandergestellt sind, in sich aufnehmen, so daß bis etwa 300 Stück Ampullen auf einmal sterilisiert werden können.

Ohne große Mühe und Unkosten kann man sich auch selbst einen Dampfsterilisator herstellen. Man benutzt dazu alte Blechemballagen. Stich und Wulff geben in ihrem ausgezeichneten Buch: Bakteriologie und Sterilisation im Apothekenbetriebe S. 133 folgende Anleitung dazu: Der Boden der zu benutzenden Blechgefäße ist durch eine untergelegte Blech- oder Kupferplatte gegen die direkte Einwirkung der Flamme zu schützen. Soll eine Blechflasche als Sterilisator hergerichtet werden, so läßt man sie etwas unterhalb der Stelle, wo sie konisch zuzulaufen beginnt,

Fig. 52.
Sterilisierapparat der Firma Wachenfeld & Schwarzschild.

durchschneiden und das obere Teil, das mit einem dessen unteren Rand etwas überragenden Blechstreifen umlegt wird, zu einem übergreifenden Deckel verarbeiten. Die Sterilisationsobjekte bringt man auf Siebeinlagen, die auf drei der inneren Flaschenwandung in geeigneter Höhe angelöteten Zapfen ruhen, oder auf einem aus starkem Draht leicht anzufertigenden Dreifuß mit aufgelegtem Drahtnetz. Der Flaschenhals wird mit Hilfe eines durchbohrten Stopfens durch eine gebogene Glasröhre mit der Kühlvorrichtung verbunden. Man füllt das untere Teil der Flasche etwa zu einem Drittel mit Wasser. Die Erhitzung kann durch Gas, Spiritus oder Herdfeuer erfolgen. Schließt der Deckel nicht vollkommen, so kann eine Dichtung durch ein mit Leinbrei bestrichenes Band leicht bewirkt werden. Will man eine große Lanolinblechbüchse für den gleichen Zweck verarbeiten, braucht man nur in den Deckel ein Loch für die Einfügung des durchbohrten Stopfens anzubringen.

An dieser Stelle sei auch auf den von der Firma Hoesselbarth in Leipzig-Reudnitz hergestellten Sterilisierschrank hingewiesen. Er ist zum Anschluß an eine vorhandene Dampfleitung eingerichtet und durch ein in Fig. 53 wiedergegebenes Dampfröhrensystem ausgezeichnet. Dieses befähigt den Apparat, sowohl für die einfache, als auch für die fraktionierte Sterilisation zu dienen. Leitet man den Dampf durch das Schlangenrohr hindurch, so bekommt der Schrank die Tyndallisationstemperatur von 60^0 C, läßt man ihn aber aus dem perforierten Rohr austreten, so wird der Schrank in einen Dampfsterilisator umgewandelt.

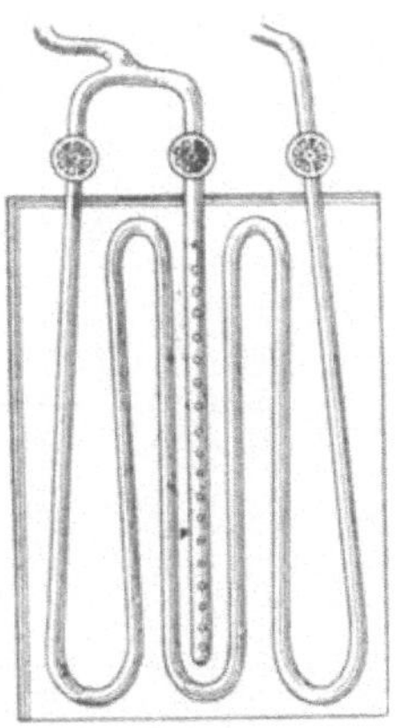

Fig. 53. Dampfröhrensystem für einen Sterilisierschrank der Firma Hoesselbarth in Leipzig.

Eine andere Gruppe von Dampfsterilisierapparaten sind die sogenannten Autoklaven, welche mit gespannten Wasserdämpfen arbeiten und bei einer Einwirkungsdauer von nur einer Viertel- bis einer halben Stunde eine absolut sichere Sterilisation ermöglichen. Freilich sind die Autoklaven beträchtlich teurer als die einfachen Sterilisierapparate und auch die Bedienung erfordert etwas mehr Umsicht. Fig. 54 veranschaulicht einen von der Firma Wachenfeld & Schwarzschild in Kassel in den Handel gebrachten Dampfsterilisator für strömenden gespannten Dampf von $^1/_2$—2 Atm. Betriebsdruck. Der doppelwandige Zylinder hängt in einem lackierten Metallmantel und wird durch einen vernickelten Bronzedeckel mit Metalldichtung, welche sich in einem regulierbaren Scharnier bewegt, mittels kräftiger Klemmschrauben verschlossen. An Armaturen besitzt der Apparat eine massiv verschraubbare Wasserstandsgarnitur, ein Manometer, ein in einem Metallgehäuse befindliches Thermometer, sowie zwei Sicherheitsventile. Von ihnen ist dasjenige, durch welches die Dampfabströmung erfolgt, so konstruiert, daß der Abdampf nicht ins Freie tritt, sondern durch das Dampfabströmungsrohr in das Kondensgefäß geleitet wird. Die jeweilige Temperatur wird durch das am Dampfabströmungsrohr in einer Metallhülse befestigte Thermometer angezeigt.

In neuerer Zeit hat man auch Autoklavendampfsterilisatoren für elektrische Heizung gebaut. Solche Apparate können von der

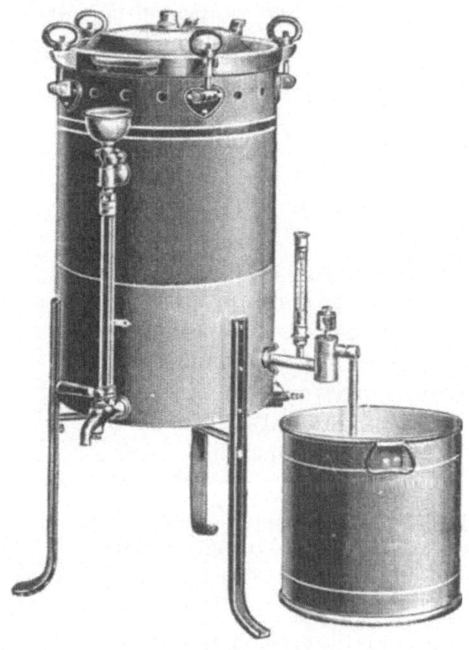

Fig. 54.
Autoklav der Firma Wachenfeld & Schwarzschild.

Firma Wachenfeld & Schwarzschild in Kassel, E. M. Lentz in Berlin u. a. bezogen werden.

Der auf S. 16 besprochene Heißluftsterilisator ist für das Sterilisieren fertiger Ampullen ebenfalls wohl geeignet. Will man ihn auf Tyndallisationstemperatur halten, so füllt man den Mantel des doppelwandigen Gehäuses mit Wasser. Für höhere Wärmegrade bis auf 200° C kommen Glyzerin oder Öl als Füllungsflüssigkeit in Betracht.

In Fällen, wo die genaue Einhaltung der Temperatur von Wichtigkeit ist, z. B. bei der Tyndallisation, tut man gut, in den zweiten oben befindlichen Tubus des Sterilisierschrankes (Fig. 25) einen Thermoregulator einzufügen. Er kann von verschiedenen Firmen bezogen werden. Besonders schöpferisch hat sich auf diesem Gebiete die Apparatebauanstalt Warmbrunn, Quilitz & Co., Berlin NW, betätigt. Ihre Gas-Thermo-Regulatoren „Simplex" und „Duplex", welche beide durch Fig. 55 veranschaulicht werden, erfreuen sich in den Laboratorien großer Beliebtheit.

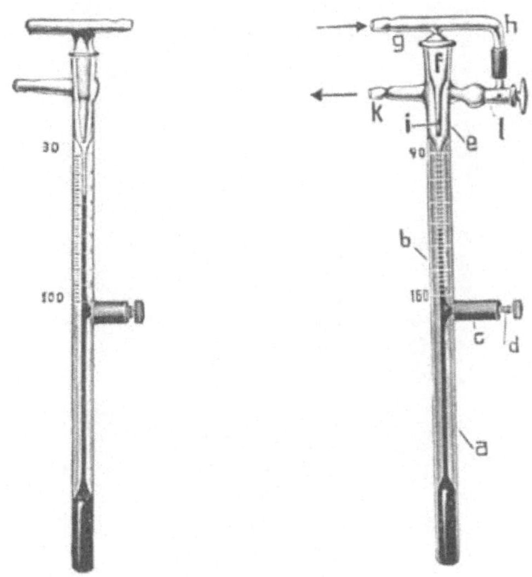

Fig. 55.
Gas-Thermo-Regulatoren „Simplex" und „Duplex" der Firma Warmbrunn, Quilitz & Co.

Entgegen den früheren Systemen, wo man viel Zeit und Geduld aufwenden mußte, bevor man die Thermoregulatoren auf die gewünschte Temperatur eingestellt hatte, gelingt die Einstellung der Thermoregulatoren Simplex und Duplex schon innerhalb einer Sekunde und zwar mit Hilfe einer Graduierung oberhalb der Quecksilber-Verdrängungsschraube bis zur Quecksilberabschlußöffnung, welche so berechnet ist, daß sie mit der Thermometergraduierung übereinstimmt.

Bevor man den Apparat in den Tubus des Sterilisierschrankes bringt, hat man nur nötig, den Quecksilberfaden des Regulators

5*

durch Eintauchen in Wasser von gewünschter Temperatur auf den erforderlichen Wärmegrad einzustellen.

Eine Kombination eines Wasserdampf- und Heißluftsterilisators ist von der Firma Dr. Hermann Rohrbeck in Berlin NW 6

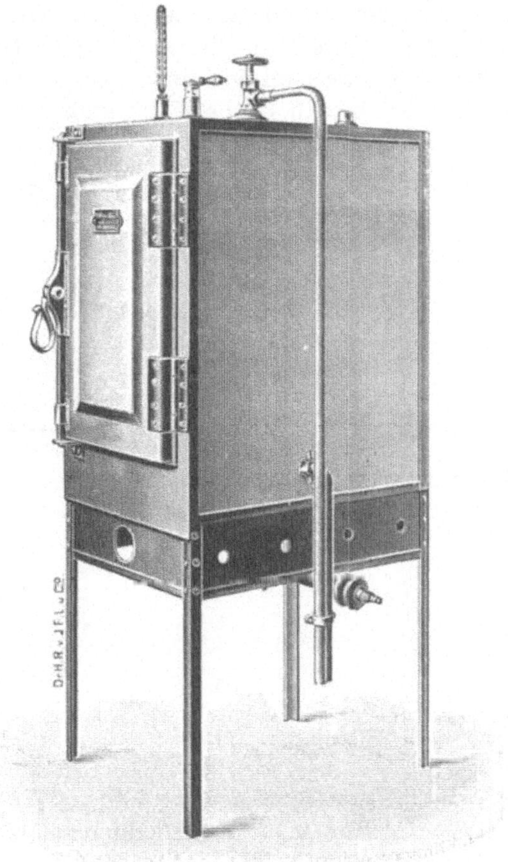

Fig. 56.
Wasserdampf- und Heißluftsterilisator nach Dr. H. Rohrbeck.

in den Handel gebracht worden (siehe Fig. 56). Der Apparat ist wie ein Heißlufttrockenschrank viereckig und doppelwandig, jedoch zum Nachtrocknen der vorher im strömenden Dampf sterilisierten Objekte eingerichtet. Zu diesem Zweck ist nur ein Ventil umzuschalten. An Armaturen besitzt der Apparat ein Ventil für den Dampfeintritt, ein Dampfableitungsrohr, Ventilationsröhren, einen Thermometertubus, ein Wasserstandsrohr, sowie einen Wasserabflußhahn. Die Tür des Apparates kann durch einen einzigen Druck auf den eigenartig gefertigten Verschlußhebel geöffnet und geschlossen werden. Der Apparat selbst ist aus Kupfer, innen verzinnt.

Ist die Sterilisation der Ampullen beendet, so hat man sich, zum mindesten bei der Tyndallisation, noch an Stichproben von der absoluten Keimfreiheit der Ampullenabfüllung zu überzeugen.

Diese **Prüfung auf Keimfreiheit** ist eine bakteriologische. Sie erfolgt in der Weise, daß man die fraglichen Ampullen öffnet und mit Hilfe eines kurz vorher ausgeglühten Platindrahtes, der vorn zu einer Öse gebogen ist, oder auch mit Hilfe der Pravaznadel, einige Tropfen in ein Reagenzglas mit steriler Nährlösung bringt. Dabei erfaßt man das Reagenzglas mit der linken Hand, entfernt den Wattestopfen, ohne ihn fallen zu lassen, sengt den Glasrand ab, läßt die entnommene Ampullenflüssigkeit tropfenweise in die Mitte der Nährflüssigkeit fallen, verschließt wieder mit dem Wattestopfen und sengt abermals ab.

Das Gemisch stellt man dann 24—36 Stunden in den Thermostaten oder Brutschrank. Zeigt die vorher völlig klare Nährflüssigkeit nach Ablauf dieser Zeit eine Trübung, so ist die Gegenwart von Bakterien erwiesen. Solche Ampullen sind natürlich als unbrauchbar auszuscheiden.

Ist kein Thermostat oder Brutschrank zur Hand, so verwende man die von Esmarch[1]) angegebene Einrichtung: Ein auf einem Dreifuß stehender Kochtopf mit Deckel wird mit 35—36grädigem Wasser gefüllt und durch ein untergestelltes Nachtlicht auf dieser Temperatur gehalten. Innen befindet sich ein Metalleinsatz zur Aufnahme der Reagenzgläser.

Für die Bereitung einer geeigneten Nährlösung sei folgende bewährte und viel gebrauchte Vorschrift angeführt:

---

[1]) Hygien. Rundschau 2, 661.

Gelatin. alb.	20 g
Pepton. sicc.	10 g
Natr. chlorat. puriss.	5 g
Aqu. destillat.	ad 1000 ccm

Nach dem Lösen wird mit Normal-Natronlauge neutralisiert und im Warmwasser- oder Dampftrichter durch ein Faltenfilter filtriert. Das in einem sterilen Kolben gesammelte, völlig klare Filtrat ist dann noch an drei aufeinanderfolgenden Tagen jedesmal eine halbe Stunde im Dampf bei 100° C zu sterilisieren.

Anschließend bringt man die Nährlösung am besten unter Benutzung eines Hahntrichters 4—5 ccm-weise in mit Rohwattestopfen und Gummikappen verschlossene Reagenzgläser mit der Vorsicht, daß die Wände der Gläschen in der Nähe des Randes unbenetzt bleiben. Hierauf saugt man die Gläser ab, verschließt und sterilisiert sie wiederum 30 Minuten lang im Dampf von 100° C.

Unter Benutzung der entsprechenden Angaben im Stich-Wulffschen Buch: „Bakteriologie und Sterilisation im Apothekenbetriebe“ möge am Schluß dieses Kapitels noch eine tabellarische Übersicht über die für die verschiedenen Ampullenflüssigkeiten in Betracht kommenden Sterilisierungsverfahren Platz finden.

Übersicht über die für die verschiedenen Ampullenflüssigkeiten in Betracht kommenden Sterilisierverfahren.

Name der Füllungsflüssigkeit	Sterilisationsverfahren	Bemerkungen
Sol. Adonini	Tyndallisation oder Filtration durch Bakterienfilter.	
„ Adrenalini	Dampfsterilisation bei 100° C.	
„ Antipyrini	Dampfsterilisation bei 110° C.	In Verbindung mit Chinin- oder Morphinsalzen Tyndallisation.
„ Apioli	Tyndallisation bei 65—70° C.	
„ Apocodeini hydrochlorici	Tyndallisation oder Filtration durch Bakterienfilter.	
„ Apomorphin. hydrochloric.	Filtration durch Bakt.-Filter, ev. Tyndallisation.	
„ Arrhenali	Dampfsterilisation bei 110° C.	
„ Atoxyli	Filtration d. Bakt.-Filter.	
„ Atropin. sulfuric.	Tyndallisation bei 65—70° C.	

Name der Füllungs-Flüssigkeit	Sterilisationsverfahren	Bemerkungen
Camphora oleosa	Tyndallisation bei 80° C.	
Camphora aetherea	Filtration d. Bakt.-Filter.	
Sol. Chinin. bihydrochloric. bicarbamidati	Tyndallisation bei 90° C.	
„ Chinin. hydrochloric. c. Urethano	Tyndallisation bei 80° C.	
„ Chinin. hydrochloric. c. Antipyrini	Tyndallisation bei 90—100° C.	
„ Cocain. hydrochloric.	Tyndallisation bei 90° C.	
„ Coffeini	Dampfsterilisation bei 100° C.	
„ Collargoli	Weder Sterilisation noch Tyndallisation.	
„ Dionini	Tyndallisation bei 90—100° C.	
„ Duboisini sulfuric.	Aseptische Darstellung oder Filtration d. Bakt.-Filter.	
„ Enesoli	Asept. Darstellung.	
„ Gelatinae	Dampfsterilisation bei 100° C.	
„ Guajacyli	Tyndallisation bei 85° C.	
„ Heroini hydrochloric.	Tyndallisation od. Filtration d. Bakt.-Filter.	
„ Hetoli	Tyndallisation bei 90° C.	
„ Hydrarg. benzoic.	Dampfsterilisation bei 100° C.	
„ Hydrarg. bichlor.	Dampfsterilisation bei 120° C.	
„ Hydrarg. bijodat.	Dampfsterilisation bei 115° C.	Desgl. d. ölige Lös. mit od. ohne Anasthesin.
„ Hydrarg. chlorat.	Dampfsterilisation bei 105° C.	
„ Hydrarg. cyanat.	Dampfsterilisation bei 115° C.	In Verbdg. mit Cocain-Salzen Tyndall. b. 90° C.
„ Hydrarg. salicylic.	Dampfsterilisation bei 100° C.	Gleichgültig, ob ölige od. wässerige Lösung.
„ Hydrastinini	Tyndallisation bei 85° C.	
„ Lecithini	Aseptisches Darstellungsverfahren.	
„ Morphin. hydrochloric.	Tyndallisation bei 100° C.	

Name der Füllungs-Flüssigkeit	Sterilisationsverfahren	Bemerkungen
Sol. Narcein. hydrochloric.	Filtration d. Bakt.-Filter.	
„ Natr. cacodylic.	Dampfsterilisation bei 110° C.	
„ Natr. glycerin. phosphoric.	Dampfsterilisation bei 110° C.	
„ Novocain.	Dampfsterilisation bei 100° C.	Auch in Verbdg. m. Morph.- u. Strychninsalz.
„ Pilocarpin. hydrochloric.	Tyndallisation bei 90—100° C.	
„ Scopomorphini	Filtration d. Bakt.-Filter od. Tyndallisation bei 80° C.	
„ Stovaini	Dampfsterilisation bei 100° C.	Auch in Verbdg. m. Adrenal.- Chinin-, od. Strychninsalz.
„ Strychnin. sulfuric.	Tyndallisation bei 100° C.	Ebenso i. Verbdg. m. Natr.-Kakodylat. In Verbdg. mit Atropin- od. Morph.-Salzen Tyndallisation od. Filtration d.Bakt.-Filter.

Aufbewahrung und Verpackung der Ampullen.

Da sämtliche Ampullen mehr oder weniger leicht zerbrechlich sind, verpackt man sie am besten unmittelbar nach dem Sterilisieren in Pappkartons.

Sind die einzelnen Ampullen nicht schon mit entsprechendem Aufdruck geliefert worden, so müssen sie vor dem Verpacken erst noch durch Aufkleben kleiner schmaler Etiketten mit daraufgeschriebener oder aufgedruckter Inhaltsangabe signiert werden.

Auf den Etiketten für häufiger verordnete und sterilisierte Ampullen vermerkt man zweckmäßig auch noch den

Sterilisationstag durch eine Nummer, die in einem Sterilisierbuch mit dem entsprechenden Datum eingetragen ist.

Die Verpackungskartons müssen so geartet sein, daß sie ein unbedingtes Festsitzen der Ampullen ermöglichen. Kartons, deren Gefache nur aus vier einfachen, rechtwinklig zueinander gestellten Wänden oder einer dem Ampullenleib entsprechenden Rundung bestehen, zeigen den Übelstand, daß die einzelnen Ampullen, welche trotz des gleichen Fassungsvermögens oft nicht denselben äußeren Durchmesser haben, entweder zu fest oder zu locker in dem betreffenden Gefache sitzen.

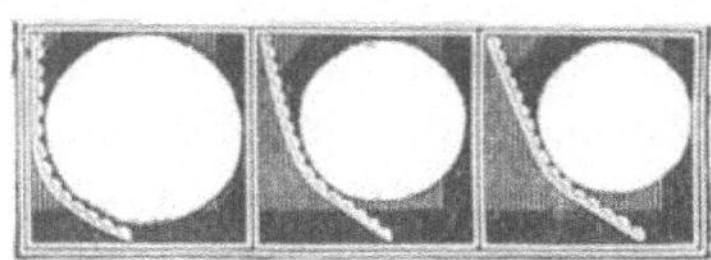

Fig. 57.
Querschnitt eines Ampullenkartons mit diagonalen Zwischenwänden.

Fig. 58.
Querschnitt eines Ampullenkartons mit sternförmigen Luminas.

Die Kartonnagenfabrik Becker & Marxhausen in Kassel erreicht das Festsitzen der Ampullen dadurch, daß sie in die einzelnen Gefache eine diagonale Wand aus Wellpappe einfügt. Fig. 57 veranschaulicht diese Verhältnisse im Querschnitt. Man erkennt gleichzeitig, daß mit Hilfe der diagonalen Wand auch Ampullen von verschiedenem Fassungsvermögen in denselben Karton tadellos fest eingesetzt werden können. Infolgedessen ist es bei Verwendung dieser Kartons nicht immer erforderlich, für die verschiedenen Ampullengrößen besondere Packungen zu wählen.

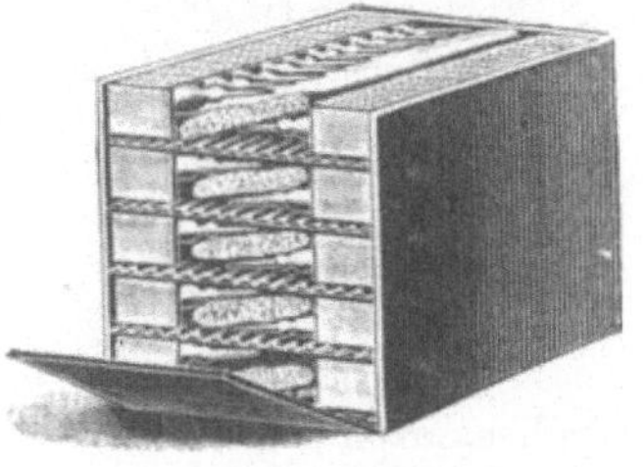

Fig. 59.
Ampullenkarton zur Aufnahme von 100 Ampullen.

Die gleichen Vorzüge einer Ampullenverpackung besitzen diejenigen Kartons, bei denen die einzelnen Ampullen in ein sternförmiges Lumen eingestellt werden (Fig. 58). Die Ampullenpackungen können für jede beliebige Anzahl von Ampullen angefertigt werden. Fig. 59 zeigt einen Karton für 100 Ampullen, bestehend aus fünf übereinander gelagerten Schichten. Eine solche Schicht wird durch

Fig. 60 und 61 wiedergegeben. Fig. 61 veranschaulicht, wie leicht sich die ursprünglich liegenden Ampullen aus dem Gefach entnehmen lassen, wenn das aus weicher Wellpappe bestehende Verbindungsstück der beiden Gefachreihen zu einem Winkel umgebogen wird. Im nächsten Bild (Fig. 62) ist dieselbe praktische Einrichtung auf einen Karton besserer Ausführung angewendet.

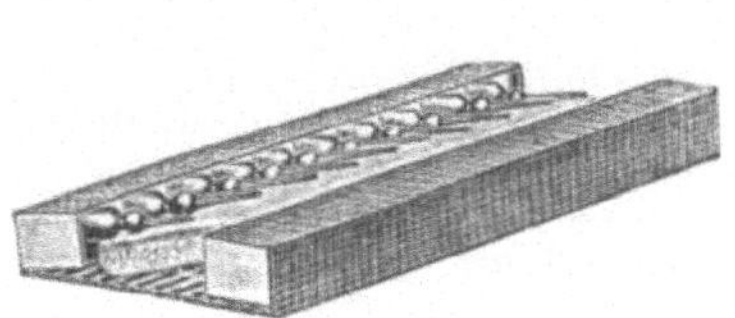

Fig. 60.
Einzellage mit Ampullen.

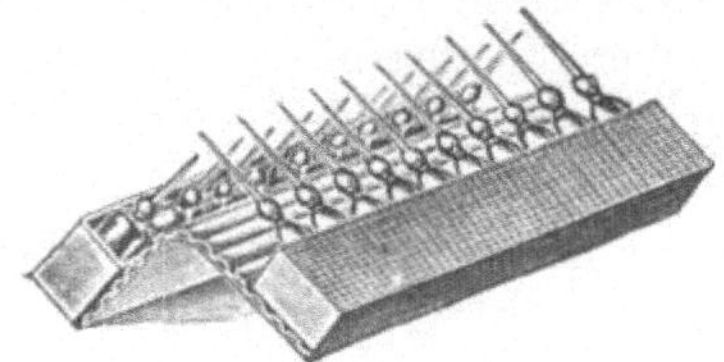

Fig. 61.
Dieselbe Einzellage in der Mitte zu einem Winkel gebogen.

Originell und viel verbreitet ist auch die durch Fig. 63 dargestellte, gesetzlich geschützte Ampullenpackung. Ihre Konstruktion ist so, daß die Gefachreihe samt Inhalt beim Aufklappen des Deckels herausgehoben und dabei gestellt wird, wodurch sich die Ampullen bequem entnehmen lassen.

Fig. 62.
Ampullenkarton mit 10 Ampullen.

Fig. 63.
Ampullenpackung mit sich beim Öffnen aufrichtenden Ampullen.

Die beiden zuletzt genannten Verpackungsarten sind besonders vornehm und für die unmittelbare Abgabe an das Publikum am besten geeignet.

Außerdem finden sich natürlich noch andere Ampullenpackungen im Handel. Die hier genannten sind die gebräuchlichsten.

Die Aufbewahrung der Ampullen erfolgt in der Regel in sorgfältig signierten Packungen zu 100 Stück. Will man die Ampullen aus gewissen Gründen nicht im unmittelbaren Anschluß an das Sterilisieren ordnungsgemäß verpacken, wovon aber wegen einer möglicherweise vorkommenden Verwechslung der verschiedenen Ampullenfüllungen dringend abzuraten ist, so lagert man sie zweckmäßig in Pappschachteln zwischen Wattevliesen.

Im Aufbewahrungsraum soll eine mittlere Wärme herrschen.

Alle Ampullen mit Flüssigkeiten für Einatmungs- und Narkosezwecke sind vor Licht geschützt und an einem kühlen Ort aufzubewahren.

Außer der Kartonnagenfabrik Becker & Marxhausen in Kassel kommen u. a. als Bezugsquellen für Ampullenkästchen die Firma Wachenfeld & Schwarzschild in Kassel und die Aktien-Gesellschaft für pharmazeutische Bedarfsartikel, vorm. Georg Wenderoth in Kassel in Betracht. Auch auf die im nächsten Abschnitt besprochenen Ampullenpackungen der Glastechnischen Anstalt von Erich Koellner in Jena und der Glasinstrumentenfabrik von Fridolin Greiner in Neuhaus am Rennweg sei hier hingewiesen.

Anwendung der Ampullen.

Die Ampullenpackung verfolgt nicht nur den Zweck, die jeweils erforderliche Einzeldosis eines Arzneimittels in unbedingt sterilem Zustand zu besitzen, sondern sie soll auch den vielbeschäftigten Arzt in den Stand setzen, schnell Hilfe leisten zu können.

Will der Arzt eine Injektion mit einer Ampullenflüssigkeit vornehmen, so bricht er die zugeschmolzene Kapillare einfach ab. Daß dabei Verletzungen der Hand nicht ausgeschlossen sind, ist ohne weiteres begreiflich. Aus diesem Grunde lassen sehr viele Ampullenfabriken die Kapillaren beim Verpacken in die Kartons in der auf S. 11 angegebenen Weise anritzen.

Jedoch dieses Anritzen hat wieder verschiedene Nachteile. So kann es vorkommen, daß z. B. zu weit eingeritzte Kapillaren während des Transportes abbrechen. Die Folge davon ist, daß die betreffenden Ampullen auslaufen. Brechen solche Kapillaren aber nicht ab, so kann die Ampulle doch sehr leicht undicht geworden sein und Luft in das Innere eindringen lassen, wodurch natürlich die Sterilität der

Lösung gefährdet wird. Im anderen Falle, wenn die Ampullen nur ungenügend angeritzt sind, brechen die Kapillaren nicht glatt ab und die Wahrscheinlichkeit einer Verletzung an der Hand ist sehr groß, ganz abgesehen davon, daß beim Abbrechen solcher Kapillaren winzige Glasteilchen in das Innere der Ampulle fallen können.

Man ist infolgedessen in letzter Zeit immer mehr davon abgekommen, die gefüllten Ampullen schon angeritzt in den Handel zu bringen. Man fügt der Packung lieber eine dreikantige Feile oder Säge, wie sie in Fig. 17 und 18 dieses Buches zur Anschauung gebracht worden sind, bei und überläßt die geringe Mühe des Einritzens dem Arzte.

Ärzte, die viel mit Ampullen für Injektionszwecke arbeiten, haben auch einen sogenannten Ampullenhalter bei sich in der

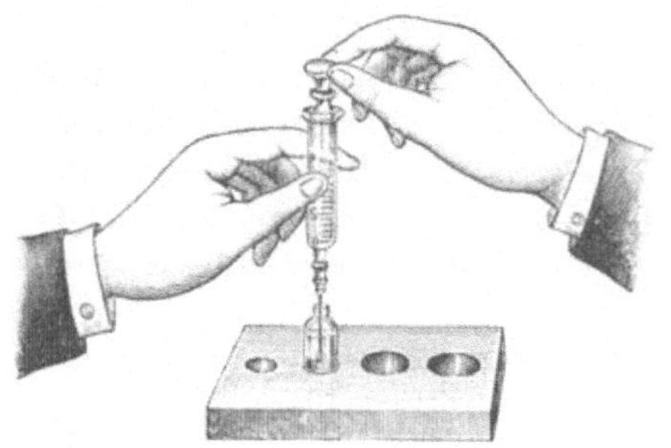

Fig. 64.
Ampullenhalter für den Arzt.

Tasche. Er dient dazu, die Ampullenflüssigkeit mit Hilfe der Pravaznadel aus dem Ampullengläschen in den Spritzenzylinder aufzusaugen, ohne fürchten zu müssen, daß dabei die Ampulle umfällt. Fig. 64 veranschaulicht einen Ampullenhalter der Firma Fridolin Greiner in Neuhaus am Rennweg. Er besitzt vier Bohrungen, deren lichte Weite dem äußeren Umfang von Ampullen für 1,2—2,2 ccm Inhalt entspricht.

Besitzt der Arzt zum Injizieren eine Injektionsspritze nach Dr. Wulff und Dr. Hillen (siehe Fig. 65), so ist es ihm auch unter den ungünstigsten Verhältnissen möglich, absolut sterile Injektionen vorzunehmen, ohne die Spritze vorher sterilisieren zu müssen. Diese von der Glastechnischen Anstalt Erich Koellner in Jena hergestellte Spritze saugt nicht, wie die meisten anderen Injektionsspritzen, die Flüssigkeit aus der Ampulle in den Zylinder,

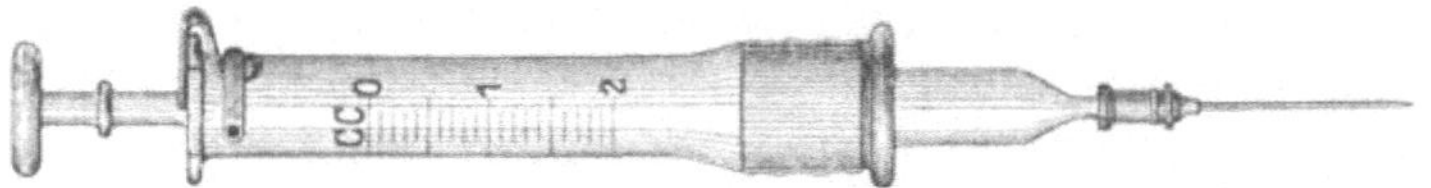

Fig. 65.
Injektionsspritze nach Dr. Wulff und Dr. Hillen.

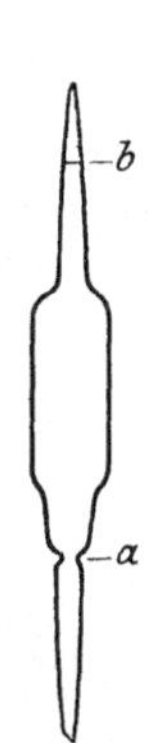

Fig. 66.
Ampulle für die Benutzung der in Fig. 65 veranschaulichten Injektionsspritze.

Fig. 67.

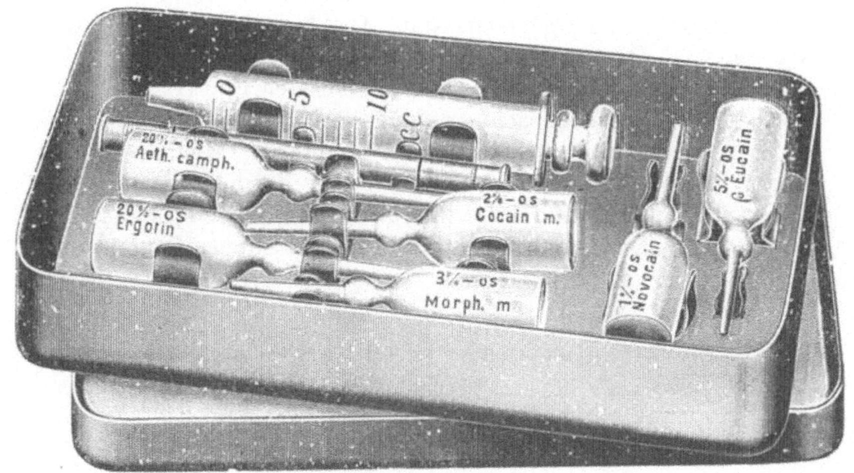

Fig. 68.
Ampullen- und Spritzenpackung der Firma Fridolin Greiner.

sondern bläst sie aus einer zweikapillarigen Ampulle (Fig. 66) heraus, ohne daß dabei die Flüssigkeit mit der Spritze in Berührung zu kommen braucht. Dieser Effekt wird erreicht, indem man die bei a abgebrochene Ampulle mit diesem Ende bei hochgezogenem Kolben in den Spritzenzylinder luftdicht einfügt. Der luftdichte Verschluß wird durch eine dort angebrachte Gummihülse erzielt. Der auf 0 eingestellte Spritzenkolben kann durch eine federnde Klemme fixiert werden. In horizontaler Haltung der Spritze bricht man dann an der Strichmarke b die andere Ampullenspitze ab, welche ähnlich den auf S. 6 erwähnten französischen Ampullen dem Konus der Pravaznadel entsprechend geschliffen ist. Bevor man die Pravaznadel aufsteckt, sind die Bruchenden durch Abtupfen mit einem mit Äther getränkten Wattebausch oder, wenn Äther nicht vorhanden ist, durch dreimaliges Durchdieflammeziehen zu sterilisieren. Hat man auch noch die Pravaznadel in der Flamme keimfrei gemacht, kann die Injektion vorgenommen werden.

Diese eben beschriebene Injektionsspritze wird in zwei Größen geliefert. Das kleine Modell faßt 1—2 ccm, das größere 5—10 ccm Flüssigkeit.

Eine praktische Einrichtung ist die ebenfalls von Erich Koellner angefertigte, in Fig. 67 wiedergegebene Ampullenpackung, wo in einem geschmackvoll aufgemachten Holzkästchen der Spritzenzylinder mit zwei Pravaznadeln und sechs verschiedenen Ampullen untergebracht sind. Die Ampullen können natürlich jederzeit ergänzt werden.

Ein Gegenstück hierzu ist die im nächsten Bild (Fig. 68) veranschaulichte Spritzenpackung der Glasinstrumentenfabrik von Fridolin Greiner in Neuhaus am Rennweg. Hier werden in einer vernickelten Metalldose außer einer handelsüblichen Subkutanspritze und einer Hülse mit zwei Pravaznadeln, sechs Ampullen durch eigens dafür konstruierte Metallklemmen festgehalten.

Sachverzeichnis.

Neue Arzneimittel und Pharmazeutische Spezialitäten einschließlich der neuen Drogen, Organ- und Serumpräparate, mit zahlreichen Vorschriften zu Ersatzmitteln und einer Erklärung der gebräuchlichsten medizinischen Kunstausdrücke. Von Apotheker **G. Arends.** Vierte, vermehrte und verbesserte Auflage. Neu bearbeitet von Dr. A. Rathje, Redakteur an der Pharmazeutischen Zeitung. In Leinwand gebunden Preis M. 6,—

Die neueren Arzneimittel und die pharmakologischen Grundlagen ihrer Anwendung in der ärztlichen Praxis von Dr. **A. Skutetzky,** k. u. k. Stabsarzt, Vorstand der Abteilung für innere Krankheiten am k. u. k. Garnisonsspitale, Privatdozent für innere Medizin und Dr. **E. Starkenstein,** Privatdozent für Pharmakologie und Pharmakognosie an der deutschen Universität in Prag. Zweite, gänzlich umgearbeitete Auflage. In Leinwand gebunden Preis M. 12,—

Volkstümliche Namen der Arzneimittel, Drogen und Chemikalien. Eine Sammlung der im Volksmunde gebräuchlichsten Benennungen und Handelsbezeichnungen. Zusammengestellt von Dr. **J. Holfert.** Siebente, verm. und verbesserte Auflage. Bearb. von G. Arends. In Leinwand gebunden Preis M. 4,80

Arzneipflanzenkultur und Kräuterhandel. Rationelle Züchtung, Behandlung und Verwertung der in Deutschland zu ziehenden Arznei- und Gewürzpflanzen. Eine Anleitung für Apotheker, Landwirte und Gärtner. Von **Th. Meyer,** Apotheker in Colditz. Mit 21 in den Text gedruckten Abbildungen.
Preis M. 4,—; in Leinwand gebunden M. 4,80

Bakteriologie und Sterilisation im Apothekenbetriebe. Mit eingehender Berücksichtigung der Herstellung steriler Lösungen in Ampullen bearbeitet von Dr. **C. Stich,** Apothekenbesitzer, früher Oberapotheker am städtischen Krankenhaus in Leipzig, und Dr. **C. Wulff,** Oberapotheker an der Zentralapotheke der Berliner städtischen Krankenanstalten in Buch. Zweite, vollständig umgearbeitete und wesentlich erweiterte Auflage. Mit 105 teils mehrfarbigen Textabbildungen und 3 Tafeln.
In Leinwand gebunden Preis M. 8,—

Anleitung zu medizinisch-chemischen Untersuchungen für Apotheker. Von Dr. **Wilhelm Lenz,** Oberstabsapotheker a. D., Privatdozent in Berlin. Mit 12 Textabbildungen. In Leinwand gebunden Preis M. 3,60